服装设计 思维与创意

FUZHUANG SHEJI SIWEI YU CHUANGYI

李 慧◎著

U0344888

中国纺织出版社

图书在版编目（CIP）数据

服装设计思维与创意 / 李慧著 . -- 北京 : 中国纺织出版社 , 2018.5
ISBN 978-7-5180-4307-1

Ⅰ . ①服… Ⅱ . ①李… Ⅲ . ①服装设计 Ⅳ . ① TS941.2

中国版本图书馆 CIP 数据核字 (2017) 第 281694 号

责任编辑: 汤 浩　　　　　　　　　　　责任印制: 储志伟

中国纺织出版社出版发行
地　　址: 北京市朝阳区百子湾东里 A407 号楼　　邮政编码: 100124
销售电话: 010-67004422　　　　传真: 010-87155801
http: //www . c-textilep . com
E-mail: faxing@c-textilep . com
中国纺织出版社天猫旗舰店
官方微博 http : //weibo . com/2119887771
虎彩印艺股份有限公司印刷　　各地新华书店经销
2018 年 5 月第 1 版第 1 次印刷
开　本: 787 × 1092　1/32　　印张: 8.5
字　数: 200 千字　　定价: 65.00 元

■ 前 言

　　随着时代的发展，作为人类创造性活动重要体现的艺术设计已经不再是文化或艺术的简单再现，而是功能性与艺术性的完美结合。对此，服装设计不仅应具备市场价值，更应展现其内在的艺术价值。这就要求广大服装设计师们要充分利用创意思维，运用全新、全方位的视角进行考量，从不同的角度与方式出发去探索复杂事物，最终通过服装形象，完美展现自己的创作思想与创作意念。

　　服装设计技巧需要系统的学习，创意能力和艺术表达方法尤显重要。从观察入手，改变以往观察事物的习惯和角度，发现事物的独特之处，对美的构成有了深切的感受，看问题的角度就会发生改变。通过不断积累素材，使设计理念经历由量变到质变的发展过程，从而形成良好的思维模式和创意表达方式，令设计作品永葆创意元素，增加设计的内涵和意义，为服装设计走向市场打下牢固的基石。

　　服装设计不仅仅是满足服装的基本功能，更要突显服装的艺术化表现，融入创意思维。然而，创意思维并非简单模仿、抄袭和重复，而是打破传统思维习惯，从服装设计的创新实践中引领时代潮流。在服装设计过程中，必须掌握和运用全方位、全新的视角去构思，善于观察生活、积累素材，可以通过偶发性思维，如本书主要仿生构思法、移植借鉴法、心理构思法等获得灵感，利用发散思维、辐合思维、侧向思维、逆向思维等技法产生创意思维，并将灵感和创意思维用于指导服装设计，完成好的作品。本书主要从服装设计思维、面料创意、形象色彩的创意思维、创意系列设计等方面进行阐释，结合服装设计实践，将创意思维的独创性和新颖性融入其中。

编者

2017 年 8 月

CONTENTS ■ 目 录

第一章　设计思维 1

　　第一节　设计思维概述 1

　　第二节　创意灵感的来源 19

　　第三节　创意设计思维过程 35

第二章　服装设计的创造性思维 62

　　第一节　逻辑思维 62

　　第二节　形象思维 63

　　第三节　逆向思维 71

　　第四节　发散思维和收敛思维 77

　　第五节　成衣的创意 84

第三章　服装快速表达——通过一个主题进行快速表达 . 96

　　第一节　服装设计主题 96

　　第二节　服装设计的表达 109

　　第三节　服装设计中的元素 127

第四节　服装设计与色彩的整体表达 ………… 133

第四章　面料创意——通过一块面料进行创意设计 …… 139

第一节　面料的肌理 ……………… 139

第二节　面料的搭配组合 ……………… 145

第三节　服装面料的设计应用 …………… 152

第四节　面料的二次加工 ……………… 170

第五节　面料手工再创造对服装设计的影响 …… 182

第五章　形象色彩的创意思维 ………………… 192

第一节　形象色彩设计的灵感发掘 …………… 192

第二节　形象色彩设计的再创造 …………… 196

第三节　形象色彩设计的创意思维 ………… 206

第四节　形象色彩在服装中的应用 ………… 214

第六章　服装创意系列 ………………………… 221

第一节　品牌案例 ………………… 221

第二节　服装设计个案分析 …………… 238

参考文献 ………………………………… 260

第一章　设计思维

第一节　设计思维概述

　　服饰艺术的创作构思和一般的艺术创作活动相比而言既有共性，又有差异。共同点是它们都来自生活，来自作者的灵感、创意，都包含着构思与表达；其不同之处在于艺术创作相对有更多的独立性和主观性，而服饰艺术设计必须通过生产与销售才能体现其真正价值，带有较多的依附性和客观性。由于服装设计的创作活动需要与物质材料、生产实践活动相结合，所以在创作构思中就表现出它所特有的个性。

一、创意思维概念

　　"创意"是指有创造、创新的意念。实际上，对创意最单纯的理解，就是人们思维活动过程中产生的一个主意，一个想法。但这个"主意"和"想法"必须具有鲜明的创造性质，要前所未有，非同一般，最大特点就是让人感到"新"，即新奇、新颖、新鲜，否则就不是创意，而只是一般的想法而已。

　　"思维"是人脑对客观事物的间接、概括的反映，是人的认识过程的高级阶段。概括反映和间接反映是思维活动中既相互联系又相互促进的两个方面。首先，人们在感知提供的感性材料的基础上，概括地反映出事物的本质和内在联系。接着，可以根据它们对不在眼前或感知无法直接把握的事物推断，或以某些事物为中介，间接地和更加深入地加以认识，得到一个理想的结果（如图1-1）。人们为解决问题而思维，问题解决是思维的目标状态，因此有的心理学家曾把思维定义为解决问题。思维之所以能够解决问题，是由于思维是人的心理行为，可以摆脱客观事物的直接束缚，使认识不局限在直接作用于感官事物的同时，还能够超越具体时间和空间的限制，不仅要了解现在是什么，还要推测过去是什么，将来可能是什么。思维的这种把客观事物的本质和内在联系进行判断的能力，以及可对客观事物的时空和形态限制进行超越的能力，为服饰艺术的创意提供了有利的条件，设计师们为满足人类生活的进步发展而苦思冥想，不断对服饰艺术进行改革和创新，创造出一幅幅多彩的生活画卷。

图1-1 灵感素材

二、创意思维产生

(一) 信息的收集与整理

信息的收集和整理是指设计师平时对艺术相关信息、创作原素材的积累和加工，这是艺术创意产生的最基本的前提条件。心理学研究表明，人脑储存相关信息的储存和积累越多，某一种特殊的思维能力也就越强。服饰艺术设计师若想在服饰领域萌生更多、更好的创意，就必须在平时注意相关信息的收集和积累，广采博记、兼收并蓄，做生活的有心人，空空的大脑，就谈不上思维的创造和艺术的升华。因此，服饰创意的产生是信息收集和整理的结果。

青年作家赵本夫在谈他的创作体会时曾说："素材积累和文艺创作的关系，很有点像数字的组合。如果你手里只有阿拉伯数字1，那么翻来覆去便只是1；如果你有1，还有2，那么就可以组成12和21两个数；如果还有3，就能够组成123，321，312，213，132，231六个数"。以此类推，基数越多，组合结果越多。服装的创意虽然不是简单的数字组合，却与文艺创作一样，具有与数字组合相通的道理，与服装相关信息存储量的大小直接影响服装创意的生产和设计思维的质量；占有的信息越多，它们之间的碰撞结合的可能性就越大，服装创意产生的机会也就越多。即便是出于某种灵性和悟性，偶然产生了某些灵感和想法，如果没有丰富的信息储存的土壤和根基，灵感也是无源之水，难以呈现奔涌的浪花。信息的收集和整理不只是限于查阅和浏览这样的粗浅层面，而是要落实在具体形象信息的收集记录和整理加工上。收集记录主要以形象记录为主、文字说明为辅。整理加工主要是对收集到的形象和素材进行加工和再创作（如图1-2）。

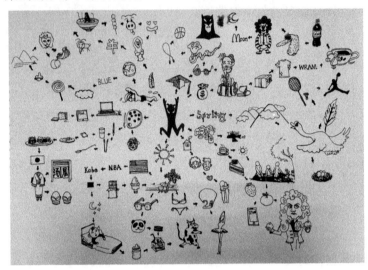

图1-2　形象和素材

(二) 创意的题材与素材积累

服饰创意的题材有广义和狭义之分。广义的题材，是泛指社会生活的某些领域、某些方面，是从较大的视域去区分和界定服装创意的内容。例如，现代题材、远古题材、科幻题材、文化题材、环保题材、战争题材、都市题材、植物题材、动物题材、海洋生活题材、少数民族题材等。狭义的题材，是指设计师从现实生活中选择提炼并应用创意作品的材料，即作品中所具体显现的生活现象。可以说，每幅服饰创意作品都有广义的题材范围，也有具体、特定的取材角度。例如，以花卉为题材的创意，在服装作品中就会直接或间接地出现花蕊、花瓣、花叶的形态或是图案的装饰。从广义的题材来说，这是以花卉或是鲜花为题材的创意；从狭义的题材讲，就要分清这是什么种类的花，是牡丹或是菊花，又是选取了它的哪种状态或哪部分形态。只有把这些具体的细节弄清楚，才能说出它的狭义题材是什么。我们通常所说的"作品取材于什么"，所指的主要就是狭义的题材。

服装创意的素材有直接和间接之分。直接的素材是设计师亲自感知、接触和领悟到的生活材料。丰富的生活为服饰创意提供了取之不尽、用之不竭的创作素材。自然界的蓝天明月、碧空繁星、山川湖泊、海浪礁石、奇花异草、飞瀑流泉；日常生活中的船只、车辆、建筑、家具、玩具、电脑、瓜果蔬菜、日用器皿等，只要设计师用心去观察、去发现，生活中一切美好的事物，无论是自然的形态，还是人造的形态，都可以成为服饰创意素材。间接的素材，就是指设计师通过间接的渠道获得的素材，通过学习获得的素材，更多的素材可能就是从专业或非专业的书刊、图片、电视、电影，甚至是从旁人的谈话中获得。从间接渠道得来的素材，要比直接得到的材料更显得便捷、宽泛，也许会更充分。因为间接素材的获得不需要设计师凡事都去亲自体验，既不受时空的限制，又可节省时间和精力，间接获得图片、资料介绍，有时要比自己去观察更全面和详细。间接的素材可以弥补直接素材的不足，是直接素材的重要补充。服饰艺术的各种形式的素材，要兼收并蓄和日积月累，只有这样，在服饰创意的过程中才能见多识广，达到挥洒自如的境地。

生活中，设计师就应该随身携带一个书写本，对自己感兴趣的事物形态、状态、图案、色彩以及某种穿着形式或某种构成形式等方面进行观察记录，并逐渐养成习惯。这种做法叫作收集素材。素材的收集是服饰创意十分必要的前期准备工作，也是平时必要的积累和储备。服饰创意的构思中，对信息的判断和筛选最为关键的还有设计本人的创作和生活方面的经验，其中包括对服饰的感受、认识和理解。例如，对服饰的观察和穿着方面的知识等，这些积淀的知识和经验中融合在一起，就形成了个人不同于其他人的创作态度和审美追求。这些知识和经验不仅存在于人的意识当中，也沉积在人们的潜意识当中，既为信息接收、取舍把关，也支配着设计思维的走向。

三、创意思维应用

爱因斯坦说过，要是没有能独立思考和独立判断的有创造力的人，社会的向上发展就是不可想象的。服饰创意就是人的独立思考和独立判断的思想产物，它常常在设计师的思维活动中萌生，在设计构思中完善，在创造的结果中体现，服饰创意必然与设计师自身、与穿着者、与观众、与社会、与服饰的总体发展息息相关。

服饰上的创意就是设计师把自己的情绪感受、审美品位和创新思想，通过设计思维的过程，借助于服饰这个特殊的载体，使内在思想意念构成具体可感的形式，使之外化，以求得观众在思想上和情感上的共鸣。服饰创意在主观上是抒发设计师的个人情感，阐述了个人思想；在客观上起到提高观众审美意识，倡导服饰更新发展的作用，如兄弟杯服装大赛就属于创意性服装设计。服饰创意设计从设计目的上可分为两大类：一是消费者穿用为目的的设计；二是以提高设计师的设计水平为目的的设计，两者的社会作用完全不同。前者常被称为"实用服饰"设计，后者常被称为"创意性服饰"设计，因为这类服饰的设计目的主要在于表达设计师的主张和追求，表现设计师的能力和才华，显示设计师的个性和风格，同时也是设计师借以扬名，在消费者心目中树立形象的手段。

世界上许多设计师都通过一些令人惊叹的创意性设计来赢得消费者的崇拜，并"征服"消费者的心理，以达到抓住消费对象的战略目的。创意性设计，设计师可以放开手脚、拓展思路，尽其所能去追求各种可能性，这对提高设计水平，挖掘设计灵感，开拓设计思路起到不可忽视的作用。因此，从长远观点上看，设计师可以不受生活装的束缚，在创意的宇宙中自由地翱翔，尽情地用服饰语言来展示自己的才华，经常进行创意性服装设计，把人对服饰艺术的欣赏引到更高层次，给人一种艺术美的享受，把服饰变为艺术的升华，尽管这些设计并不一定马上带来经济效益，但这是不断地突破自己、保持旺盛的"造血机能"的有效手段。

人的思维是十分丰富多彩的，由于区分的角度和方式的不同，有多种不同的形式和种类。例如，按思维的性质和内容特点，可分为动作思维、形象思维和抽象思维；按运用知识和经验的方式，可分为再造性思维和创造性思维；按逻辑规律的特点，可分为逻辑思维和非逻辑思维；按思维状态和方向，可分为聚合思维、发散思维、侧向思维、逆向思维等。服饰创意是指具有创意性的意念，虽然有时只在服饰设计作品中体现，却在服饰设计的思维过程中孕育，在设计师的大脑中萌生。因而，尽管服饰创意的内容和要求具有一定的特殊性，但它的思维过程和基本特征与一般的设计是一致的，与写作思维、电影思维一样，也是按照思维的学科性质和特点进行分类的。

　　思维在实际生活中有广泛的应用，如正向思维与逆向思维。正向思维与逆向思维是事物的两个方面，这两个方面相互依存、相互转化。一般来讲，人们比较习惯于正向思维而不注意逆向思维，因此在某些情况下运用逆向思维可以取得独特的造型效果。例如：裤腰带都系在腰上，能否系在脖子上或者和上衣摆连起来？这种想法往往给人一种新奇、独特的感觉。从思维方式来讲，逆向思维具有突破固有观念的独创性。正向思维是按一般的常规去分析和研究问题，而逆向思维则没有现成的逻辑和规律可循，需要设计师着力于标新立异和另辟蹊径。

　　总之，服饰创意离不开对材料的积累和留心观察、思考；离不开对自己感兴趣的事物形态、状态、图案、色彩以及某些穿着方式或某些构成形式等方面的观察记录，（如图1-3）只有这样才能创造出别具一格的服饰艺术作品。

图1-3　观察记录

四、创造性思维的培养

创造性思维是人类的高级心理活动。创造性思维是政治家、教育家、科学家、艺术家等各种出类拔萃的人才所必须具备的基本素质。心理学家认为，创造思维是指思维不仅能提示客观事物的本质及内在联系，而且能在此基础上产生新颖的、具有社会价值的、前所未有的思维成果。

创造性思维是在一般思维的基础上发展起来的，它是后天培养与训练的结果。卓别林为此说过一句耐人寻味的话："和拉提琴或弹钢琴相似，思考也是需要每天练习的。"因此，我们可以运用心理上的"自我调解"，有意识地从几个方面培养自己的创造性思维。

（一）展开"幻想"的翅膀

心理学家认为，人脑有四个功能部位：一是以外部世界的感知觉为主，二是将这些感觉收集整理起来的贮存区，三是评价收到的新信息的判断区，四是按新的方式将旧信息结合起来的想象区。只善于运用贮存区和判断区的功能，而不善于运用想象区功能的人就不善于创新。据心理学家研究，一般人只用了想象区的15%，其余的还处于"冬眠"状态，开垦这块处女地就要从培养幻想入手。

想象力是人类运用储存在大脑中的信息进行综合分析、推断和设想的思维能力。在思维过程中，如果没有想象的参与，思考就发生困难。特别是创造想象，它是由思维调节的。

青年人爱幻想，要珍惜自己的这一宝贵财富。幻想是构成创造性想象的准备阶段，今天还在你幻想中的东西，明天就可能出现在你创造性的构思中。

（二）培养发散思维

所谓发散思维，是指倘若一个问题可能有多种答案，那就以这个问题为中心，思考的方向往外散发，找出适当的答案越多越好，而不是只找一个正确的答案。（如图1-4）人在这种思维中，可左冲右突，在所适合的各种答案中充分表现出思维的创造性成分。1979年诺贝尔物理学奖金获得者、美国科学家格拉肖说："涉猎多方面的学问可以开阔思路……对世界或人类社会的事物形象掌握得越多，越有助于抽象思维。"比如我们思考"砖头有多少种用途"。我们至少有以下各式各样的答案：造房子、砌院墙、铺路、刹住停在斜坡的车辆、作锤子、压纸头、代尺划线、垫东西、搏斗的武器……

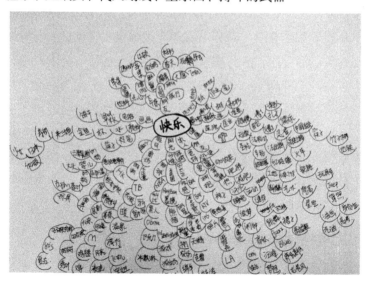

图1-4　发散思维

(三) 发展直觉思维

所谓直觉思维，是指不经过一步一步分析而突如其来的领悟或理解。很多心理学家认为它是创造性思维活跃的一种表现，它既是发明创造的先导，也是百思不解之后突然获得的硕果，在创造发明的过程中具有重要的地位。物理学上的"阿基米德定律"是阿基米德在跳入澡缸的一瞬间，发现澡缸边缘溢出的水的体积跟他自己身体入水部分的体积一样大，从而悟出了著名的比重定律。又如，达尔文在观察到植物幼苗的顶端向太阳照射的方向弯曲现象时，就想到了这可能幼苗的顶端因含有某种物质，在光照下跑向背光一侧的缘故。但在他有生之年未能证明这是一种什么物质。后来经过许多科学家的反复研究，终于在1933年找到了这种物质——植物生长素。

直觉思维在学习过程中有时表现为提出怪问题，有时表现为大胆的猜想，有时表现为一种应急性的回答，有时表现为解决一个问题，设想出多种新奇的方法、方案等。为了培养我们的创造性思维，当这些想象纷至沓来的时候，可千万别怠慢了他们。青年人感觉敏锐，记忆力好，想象极其活跃，在学习和工作中，在发现和解决问题时，可能会出现突如其来的新想法、新观念，要及时捕捉这种创造性思维的产物，要善于发展自己的直觉思维。

(四) 培养思维的流畅性、灵活性和独创性

流畅性、灵活性、独创性是创造力的三个因素。流畅性是针对刺激能很流畅地做出反应的能力。灵活性是指随机应

变的能力。独创性是指对刺激做出不寻常的反应，具有新奇的成分。这三种性质是建筑在广泛的知识的基础之上的。60年代美国心理学家曾采用所谓急骤的联想或暴风雨式联想的方法来训练大学生们思维的流畅性。训练时，要求学生像夏天的暴风雨一样，迅速地抛出一些观念，不容迟疑，也不要考虑质量的好坏或数量的多少，评价在结束后进行。速度愈快表示愈流畅，讲得越多表示流畅性越高。这种自由联想与迅速反应的训练，对于思维，无论是质量还是流畅性都有很大的帮助，可促进创造思维的发展。

（五）培养强烈的求知欲

古希腊哲学家柏拉图和亚里士多德都说过，哲学的起源乃是人类对自然界和人类自己所有存在的惊奇。他们认为，积极的创造性思维往往是在人们感到"惊奇'时，在情感上燃烧起来对这个问题追根究底的强烈的探索兴趣时开始的。因此，要激发自己创造性学习的欲望，首先就必须使自己具有强烈的求知欲。而人的欲求感总是在需要的基础上产生的，没有精神上的需要就没有求知欲。要有意识地为自己出难题，或者去"啃"前人遗留下的不解之谜，激发自己的求知欲。青年人的求知欲最强，然而若不加以有意识地转移智力上，追求到科学上去，就会自然萎缩。求知欲会促使人去探索科学，去进行创造性思维，而只有在探索过程中才会不断地激起好奇心和求知欲，使之不枯不竭，永为活水。一个人，只有当他对学习的心理状态总处于"跃跃欲试"阶段的时候，他才能使自己的学习过程变成一个积极主动"上下求索"的过程。这样的学习，不仅能获得现有的知识和技能，而且还能进一步探索未知的新境界，发现未掌握的新知识，甚至创造前所未有的新见解、新事物。

从创意性思维到系统性思维是一个发展过程，二者不存在互相干扰，不会有了这个那个就不会灵光的问题。

创意性思维是针对单个问题的解决方案能力，在一个点上能够发挥很强的创造性，却无法系统化。系统性思维是针对一个体系的问题，整个解决方案中贯穿着一种创意性思维的表现。

五、体验服装设计

由于服装产品必须要看到实物后才能预测市场前景，这就需要服装出口和生产企业提高复样的速度，引入计算机辅助设计系统（CAD）和计算机辅助制造系统（CAM）以及配套的设备，从而有利于对国外客户的设计意图准确把握、快速生产和推销样品。有的客户甚至带设计人员到工厂洽谈订单，当场修改设计，及时看到样品，这大大提前了产品上市时间。

建立合理的生产流程，提高柔性生产能力。长期以来，我国的服装生产企业在两个生产方式之间进行权衡和选择：要么提供大规模生产的标准化、低成本的大路货产品，要么提供小规模生产的客户化或高度差异化的产品，当然成本相对也高。但是随着国外零售商和进口商对供货速度快和产品批量小的要求日益增加，传统的生产方式很难满足打造敏捷供应链的要求。而大规模定制却能将这两种生产方式结合起来，以大规模生产的成本和速度，提供小批量、多品种、交货时间短的产品，即满足客户的需求，又能有效地降低成本，保持竞争优势。

在重构敏捷供应链的生产运作流程上，大规模定制就是用定制点有效地衔接生产过程的标准化和定制化的两部分。

体验经济是指企业以服务为舞台，以商品为道具，为消费者创造出难忘感受的经济形态。在传统经济里，人们主要注重产品的功能和价格，但随着体验经济时代的到来，消费行为已有了诸多变化：从生活与情境出发，塑造感官体验及心理认同，成为产品和服务新的生存空间。美国未来学者阿尔文·托夫勒（Alvin Toffler）就在《未来的冲击》中提到：在产品经济、服务经济之后人类经济发展的历史将出现新的形态——体验经济。

当时，体验作为一个新名词还未引起人们的重视。但是，随着新经济的到来，体验经济重被提起。约瑟夫·派恩和吉姆·吉摩（JoePine Jim Gilmore）在1999年出版的《体验经济》（*The Experience Economy*）中指出：经济的价值已经从生产商品、服务发展到体验。体验服装设计，在体验经济时代，人们购买服装不仅仅是为了服装产品的功能或价格因素，他们更希望能在拥有服装的同时拥有一段难忘、愉悦的经历。所以，在这种情况下服装设计的目的就不仅仅为顾客提供高品质的服装，还要考虑如何在服装中增添一些体验的成分。在体验经济时代，顾客已经从单纯追求理性价值上升到对理性价值和感性价值的双重需求；顾客对服装的需求已经超越了产品和服务阶段，他们更希望设计师通过服装设计为他们带来情感和文化的体验——体验服装设计。那么什么是体验服装设计？体验服装设计有什么特点呢？

所谓体验服装设计，就是通过突出品牌风格、主题，创造出品牌体验的服装设计，"体验"在这里是服装设计师同顾客进行全面交流的纽带。在体验服装设计中，不但注重顾客的理性需求，而且更强调顾客作为一个"人"的感性要求。体验服装设计有以下三个主要特点。

(一) 对顾客从"人"的角度去考量

以往的服装设计关注的多为服装中的功能、质量、价格和服务等理性价值，因此设计出来的服装往往"理性"有余而"感性"不足。而体验设计则突出了顾客感性价值的重要性，它试图带给顾客更生动的产品，为其创造更完善的体验。

(二) 注重利用体验创造服装品牌与顾客的联系

体验服装设计通过体验的手段将服装与顾客的生活方式相连，在诸如感知、感觉、思维、行动等多方面触动顾客的感受并影响其消费行为。在设计之初就考虑顾客的个体生活方式及其更广泛的社会关系，通过服装的"外观"设计吸引并引发顾客的"感受"，通过"感受"引起顾客的"思考"并创造顾客同服装品牌情感上的联系、引发顾客对品牌行为上的投入，最终激发顾客对品牌的忠诚。

(三) 考虑顾客的消费情境

体验服装设计注重考虑顾客穿着的环境背景。比如，美国著名设计师拉尔夫·劳伦（Ralph Lauren）在设计一件礼服的时候，从来不会挖空心思营造炫目的外形或线条，他会更多地思考人们穿上这件衣服会在什么样的 PARTY 上出现，这个 PARTY 的桌面上会摆着什么样的装饰品等与氛围有关的问题。因为他知道只有将设计紧紧地同顾客的生活方式相连，从顾客的生活情境着手进行设计，才能为顾客带来更体贴、更愉悦的感受。

　　体验服装设计最近几年才被引入国内。但是在国外，体验服装设计已经发展得相当成熟，它是许多国际大牌树立品牌形象、推介产品的重要手段。作为一代名师，纪梵希在专注于设计的同时又巧妙地将服装设计与电影结合起来，利用电影的氛围、影星的独特气质为顾客带来独特的情感体验。直到现在，一提起纪梵希这个品牌，我们的眼前就浮现出奥黛丽·赫本栩栩如生的形象：在纽约曼哈顿第五大道上，赫本穿一袭纪梵希的小黑裙，配黑色长手套和蒂凡尼（Tiffany）珍珠项链，挽起高高的别着钻石头饰的头髻，踏着《月亮河》（Moon River）的乐声，一边嚼着沾糖羊角面包，一边流连于名店橱窗中的款款珠宝间。通过赫本出神入化的演绎，纪梵希让人们深深体会到了服装的伟大，让顾客感觉如果自己穿了片中的小黑裙，就会立即变得同赫本一样优雅从容。这也就不难理解，电影一经推出纪梵希的小黑裙就立即风靡全球，引起时尚人士的抢购风潮。因为纪梵希的小黑裙不仅仅是一条裙子，它更代表了低调、高雅的品位和风格，它同时也唤醒了顾客心中最温柔的人生体验。

　　上文提到的拉尔夫·劳伦（Ralph Lauren）也是体验服装设计的高手。在设计之初，劳伦会去设想顾客的生活方式：人们在什么地方，如何生活，他们穿什么类型的衣服。围绕生活方式设计的服装产品制成之后，又通过精心地布置营造出一种非常特殊的视觉效果。例如，拉尔夫·劳伦围绕"狩猎"主题展开的服装设计，整合了一批狩猎装备：结实的狩猎夹克、坚韧的猎装皮衣、狩猎风味毛衣、耐磨的湿地长靴、粗毡猎帽等，甚至连狩猎用的枪、装零碎小件的皮腰包、古董望远镜和风格粗犷的狩猎饰品都考虑到了，再配合展示厅壁面上鲜活的标本、猎犬的画面和古董家居，让人产生无限遐想。拉尔夫·劳伦的顾客为了获得整个"狩猎"的体验，就想去购买整套的产品。通过这些美妙、精制的设计，劳伦邀约顾客同他一起分享自己梦想的生活方式。

在人们的需求已经发生巨变的今天，服装中的理性价值（价格、品质和服务）已经不能满足顾客的消费欲望，相反如何提升品牌服装的无形价值，通过服装设计带给消费者美妙的享受和愉悦已成为新一轮品牌竞争的焦点。可惜的是，许多品牌还没有意识到这一趋势。对品牌服装设计的误解，失去真正意义上的设计而单一的依托服装品牌，只能停留在以价格为主导的低水平竞争层面，为品牌的生存与发展埋下阴影。所以，真正理解市场、理解设计，结合国内服装市场的实情，吸收国外先进的服装设计思路和方法才是提升服装设计含量的当务之急。体验服装设计就是在这一背景下应时而生的。它在强调满足顾客理性需求的同时，更强调满足顾客的感性需求。随着社会的进步，在基本需求逐步得到满足的情况下，人们又有了更高层次的渴望自我实现。如何通过服装设计满足人们的这一渴望是现代市场对我们提出的要求。体验服装设计是对以往设计思维的超越，它将为服装设计拓展出更广阔的空间。

第二节 创意灵感的来源

设计的灵感来源于设计师的仔细调查。但设计是否有个性，关键在于设计师对设计资源的独特诠释。能激发设计师灵感的因素有很多，比如传统文化、宗教、科学、文学、艺术、面料、旅行、与大自然亲密接触、消费者的实用需求。不断地吸收这些信息，并将它们综合起来，移植到自己设计的服装中，形成新的设计理念，才能跟上不断变化的时装世界。

一、服装创意灵感

所谓灵感，是一种思维，可以叫超级思维，可以叫无意识思维、下意识思维，也可以叫大脑自己主动思维，也就是你不曾思考的时候，大脑突然自动地把你百思不得解的问题思考出来了。古人说："众里寻他千百度，蓦然回首，那人却在灯火阑珊处。"用这句话来形容灵感也是十分恰当的。大数学家高斯曾被一道难题困扰了好几年，终于在一次不经意中，"……像闪电一样，谜一下子解开了"。阿基米德在洗澡的时候，灵感出现，从而发现了浮力定律；牛顿见苹果落地而灵感出现，从而发现了万有引力。那么这些灵感从何而来，当然不是凭空幻想。"民谚说"踏破铁鞋无觅处，得来全不费工夫"，表面看是不费工夫，实际上若没有"踏破铁鞋"，绝不会"得来"。所以，无论是古代还是现代，中国还是外国，灵感来源都和平时的积累有关。同样的道理，在我们现代的服装设计中，如果想获得灵感，设计出独特新颖的衣服，同样也需要设计师平时的积累。灵感的来源有哪些，我们在服装设计中又该如何培养灵感，这就是我们当前需要讨论的问题。

灵感的来源及其个体性、可见性和技术性，这些对提高设计过程中的创造力方面起着重要的作用。服装设计研究和设计灵感的创造性，早期非正式的和实际的服装设计流程是开放性的，就像其他领域中以美学为导向的设计。

学习创意型服装设计，其流程和产品比其他设计驱动的行业存在更多的问题，设计元素、原则、面料的特性等设计灵感之间的交互关系是很复杂的。服装设计，包含各种各样的视觉审美和功能设计流程、甚至共享工程设计过程中的许多设计元素。

对时尚服装业进行研究和观察是至关重要的。通过研究和观察，设计师可以收集背景资料，包括研究当前和未来的时尚服装设计潮流，并试图预测大多数客户所希望的设计风格。为了跟上不断变化的时尚服装设计，时尚意识应成为每一个服装设计师的第二天性。

服装设计是一个包含视觉和触觉的感官设计。众所周知，设计包括两件事情：工艺创造过程和产品展示，这两者之间的关系就好比动词和名词的关系。作为一个设计问题解决方案的过程，它是灵感的来源，并通过计划、组织以实现一个最终目标，而产品是其计划的、最终设计的结果。服装就是应用设计的一个例子，即使是最激动人心的、最初的构想也必须向人们展示其实用目的。虽然我们已经意识到一些艺术是纯粹的，即"艺术至上艺术"，但世界上大多数艺术作品设计的最初目的都在于其实用性。设计作为一个工艺过程，应当考虑和计划实现某一特定的目标，并适时进行创新。从本质上讲，设计过程的步骤与顺序同样应当考虑产品的实用性，这些步骤与管理规划的过程非常相似。人为设计的产品和服务可以分为两大部类：感觉和行为。感官设计是通过感官而获得的，可以将其分为视觉、听觉、嗅觉、触觉和味觉的获得。行为设计是有计划的行动。然而，许多产品的创作过程都包括感官设计与行为设计两个方面，因为设计灵感需要通过感官获得并通过行为来解释。例如，一场时装表演既包括感觉设计也包括行为设计。

人们对创意性灵感的来源及其在创意服装设计中的重要性一直知之甚少，因此，这个行业也很少得到人们的关注。埃克特和斯泰西研究了针织品设计的案例，这一类的服装设计参考借鉴了很多复杂的工程设计中的设计元素和设计思路。例如，快速变化和高度竞争的制造业中的"实用设计"。在他们的设计工作中，很多内容都涉及针织行业的大量研究。

二、服装设计的灵感来源

服装是一种源远流长的文化，它不是独立的个体，它吸收各方面的艺术养分而得到启发，传统文化、宗教、科学、文学、艺术、面料、旅行、和大自然亲密接触、消费者的实用需求等等都可以成为服装设计的灵感来源。

（一）传统文化

1. 设计师经常在传统服装或民族服装中寻找新灵感和新主题

传统服装，也就是在某个特定历史时期所穿的衣服；民族服装，就是一个国家或者民族传统特有的服装。这两种服装都是设计师灵感的来源。设计师通常对每个历史时期的服装的各组成部分要素很敏感，有一些设计师会把这些要素融入自己的服装系列中去。（如图1-5）在近几年的服装设计领域里，中国的民族服饰受到了设计师们的青睐，成为服装设计师设计灵感的来源之一，如中山服的袋式、旗袍的领型和开衩、中式服装中的盘扣和门襟等均为设计师所关注。特别是在一些外国的服装设计师的作品中，还吸收和借鉴了诸如西藏的藏族服装、贵州的苗族服装及其他少数民族的服装、头饰、颈饰、腰饰等。山本耀司（Yamamoto）的一个时装系列就受到印第安和西藏服装风格的影响。时装也经常流行怀旧色彩，只不过进行了重新演绎。最近普拉达（Prada）的一个时装系列就带有20世纪40年代的风味。民族服装中的色彩、主题、线条、形状和空间的组合同样被设计师所运用。让·保尔·戈尔捷（Jean Paul Gaultier）从日本服装找到灵感，在印花衬裙上套穿和式的宽袖外套，设计充满了异国风情。

图 1-5　铜钱元素

2. 以旧创新

设计师还要经常去逛旧货商店、跳蚤市场、廉价商店、拍卖行，其至在网上查看在线出售的旧衣服和布料。还有的机构专门为制造商寻找风格另类的旧衣服（如图 1-6），如纽约旧货店主斯达西·李，他经常为制造商（如利兹·克莱伯尼）寻找旧衣服。设计师可以利用这些服装细节来设计一个新的主题，如设计师可能在旧货店里找到一些老式滑雪衫，他在上面添加编织图案，这样就设计了一个以"中国游牧民族风情"为主题的休闲时装系列。

图 1-6　另类风格

3.博物馆

博物馆的时装展览为设计师提供了特别的机会,可以看到这些保存下来的古老服装穿在人体模特身上的效果。设计师伊夫·圣·洛朗,经常会赞助传统民族时装展览会,一场受欢迎的展览会可以影响很多设计师。书店和图书馆是查阅时装资料的最好来源,许多图书馆还收藏很多旧的时装杂志。一些时装设计师甚至有自己的图书馆,收藏各种关于传统服装和民族服装、电影、体育、艺术、设计师和纺织品的书籍,一些大学还有传统服装图书馆。

4.宗教艺术与建筑风格

在宗教思想占统治地位的时代,建筑全方位地体现了宗教文化的昌盛。哥特式大教堂里,精细的雕刻再现《圣经》中的人物、故事、情节;多色的透光玻璃,连投影都缔造了艺术;庄严、圣洁的祭坛和圣台,一切都溢满了神圣的气氛。就是这样正式的宗教传统引领着服装走向规范化;西洋服饰开始着重强调人体曲线美,上衣紧身合体,此时的鞋形尖细奇特,鞋长达到38厘米,帽子也很高很尖,好像每间屋子总有高耸入云的圆屋顶,服饰的样式正好符合了建筑的特点。

(二)科学

技术不断创新,染织业得到发展,使得服装制作的面料有了选择的余地。每一种新的材料诞生,都能激发设计师的灵感,都能引发一场服装界的革命。另外,其他方面科技的突破性发展,也可以成为服装表现的题材。现代电子网络工程飞速发展,直接采用集成电路模板为纹样的服装很快就出现了。

(三) 艺术

设计师蜂拥到大城市，就是为了能够浸润其中，感受那里的创造氛围。他们会受其他设计师和艺术家创作的影响，而每个新的创意就会引发出更多的创造。

1. 艺术展览会

在参观了著名画家德拉克洛瓦的展览后，莲娜丽姿（Nina Ricci）的设计师杰拉德·皮帕特，为了表达对画家的崇敬之情，把绘画风格融入服装设计，设计了色彩绚丽的土耳其长袍和富有异国情调的伊斯兰家居长裤。

2. 电影、电视

戏服设计是时装设计的一个特定领域，即专门为拍摄电影和戏剧表演设计时装。尽管这类设计师也会受时尚感染，但大多数时候还是力求按电影要求展现原汁原味。新老电影都能激发设计师灵感。安娜·苏说，她的 2012 年春季时装系列是受两部有关吉普赛人电影的启发。第七大街的服装设计师经常受邀为现代电影设计时装，唐娜·卡伦为电影《远大前程》中的格温尼丝设计了时装。电视节目也为人们展示了大量的时装。这些衣服或是为某个特定演出设计，或者就是直接展示某个成衣系列。因此那些受欢迎的电视明星在某种意义上也引领了年轻人的时装潮流。

3. 音乐

对年轻人来说，流行歌手和音乐家有着无与伦比的号召力。青少年总是很留意那些摇滚明星的衣着，因此设计师也投其所好，使自己设计的青春服饰带有模仿娱乐界人物的痕迹。

(四) 面料

主流服饰设计师只能使用在他们支付能力范围内的面料。他们一般到纺织品市场或面料展览会上去了解当前的面料系列，再由这些面料得到启示，将面料恰如其分地运用到服装设计中。

面料设计师也像时装和配饰设计师一样，也需要进行市场调查和潮流调查。他们同样需要灵感来源，尤其在面料交易中心和时装展览会上。他们还会从老式或新潮的布艺装潢中汲取灵感，甚至还有服务机构专门在旧货市场为他们寻找布样。设计师在新设计的时装中，偶尔也会使用一些回收的面料和老衣服上的布片。

(五) 旅行、大自然

设计师们喜欢景色优美且富有文化底蕴的地方，他们常常在度假的时候工作，通过旅行寻找新的创意，这些创意并不是直截了当地体现在他们的设计中，也许仅仅表现为一抹淡灰的底色，一块布料的图案，或者只是一种看待事物的不同方式。中国历史文化悠久，文化底蕴深厚，很多地方都蕴涵了极丰富的文化遗产，比如滇西北至藏东南的古道，比如丝绸之路，都给了我们设计师很丰富的设计灵感。在北京举行的中国国际时装周上，广州本土的服装设计师邓兆萍展示了名为"茶马古道"的系列作品，当时引来了一片赞美与惊叹。据邓兆萍说，"茶马古道"的设计灵感来源于古时候人们在运输茶叶时马队所走的路，就像著名的丝绸之路一样，古道上曾经的辉煌与如今的沧桑，过往的繁荣与现在的衰落形成了强烈的对比，又蕴含着无限深厚的文化底蕴。而"茶马古道"系列服饰以枯叶的暗绿、绚烂的红褐、收获的金橙等自然界色彩为主色调，鱼鳞式水袖、鱼尾裤、肩部束带及垂顺的流苏、层叠的纱等设计，加上当时 T 台上撒满了一地的落叶，视觉效果极佳。

无论在国内还是国外，设计师都可以从自然中找到灵感，自然能为时装和配饰设计提供无穷的模式，一朵花或一片落叶的颜色都可以引发一个新的色彩系列。例如，第三届兄弟杯金奖的获得者杨剑青的作品《花生恋》的灵感就来源于大自然，范思哲的一件服装，就是用染绿的蟒蛇皮的鳞片作为整件衣服的装饰。

（六）服装的实用性

长期以来，用劳动布制作的牛仔服一直经久不衰。当消费者开始热衷运动时，时装界就推出活力四射的运动装，如果获得人们的青睐以运动装就成为新一波流行的主角。同样，使用的背包既是时髦的象征，又能满足人们对舒适和轻盈的渴求，因此氨纶被大量使用。"2001 真皮标志杯"全国皮革服装设计大奖赛北京庄子工贸责任有限公司首席设计师肖文陵的作品《无季》摘取特等奖的桂冠，他设计的灵感来源于解决皮衣生产行业实际问题的一点想法，他首先考虑消费者的需求，直接针对消费者，看市场消费中到底需要什么样的东西，而不是拿来杂志抄一抄。通常情况下，需求产生流行，一些设计师也喜欢在他们的设计中体现实用性。

三、时装绘画灵感

时装绘画作为艺术作品供人们欣赏，丰富人们的文化生活；作为实用的服装效果图，是服装设计的第一步，是服装生产的重要环节。

优秀的时装绘画创作，常常来自于作者激情迸发出来的灵感。灵感是人们在创作过程中的一种新形象、新观念和新思维突然进入思想领域时的心理状态。物理学家杨振宁教授认为："所谓灵感，是一种顿悟，在顿悟的一刹那间，能够将两个或两个以上以前从不相关的观念串联在一起，借以解决一个搜索枯肠未解的难题，或缔造一个科学上的新发现。"在生活中，灵感是一种极为普遍的顿悟现象。当人们全身心地投入到某项工作或解决某个问题而遇到困难时，偶然触发，突然找到了问题解决的方法，就像人们所说的那样"眉头一皱，计上心来"。

灵感不是生来就有的，而是由知识、素养和生活的沉淀而形成的，灵感的产生对我们的创作有着极其重要的作用。

(一) 灵感的产生与形式

许多人认为创造性是一个人智慧、灵感的突然闪现，这种"魔术般的"爆发是一种不同于我们日常思维的精神过程。但是我们深入研究发现，当你展示你的创造性时，你使用的大脑部分与平时琢磨怎么绕过交通堵塞没什么两样。特定场景最易引发创造性，我们经常在林边、小河边散步时，或别的地方，突然有灵感产生，有奇思妙想出现，而在工作的时候反而思维僵化。当我们一段时间不去想一个问题时，我们就改变了正在做的事情及其背景，这可以调动我们大脑的不同区域进行工作。答案不在大脑所用的这个区域，可能就在另外一个区域找到如果幸运的话，在下一个背景中，我们看到或听到的东西就能立即与我们暂放一边的问题联系起来。

从心理机制上看，灵感与人的意识和潜意识都有关联。每天，我们都遇到各种不同的生活情景，尽管它们中的绝大部分没有被意识到，但这些经历并未从心灵中全部消失，而是储藏到了潜意识当中，它们平时默默无闻却蠢蠢欲动，与意识只有一板之隔，既不相混，又可时升时降。灵感的萌生，首先在于思维主体在意识阈限上搜索枯肠般苦思冥想，而一筹莫展时，思维疲倦了、松弛了，意识便处于一种麻木状态。然而意识麻木了，并不等于大脑停止了工作，一旦某些从不相关的观念串联在一起，便会爆发出灵感的"火花"而冲破意识阈限，唤醒意识，灵感便产生了。有时，人的意识处于觉醒状态下，也会在某些外界因素的刺激下促发这种串联而产生灵感。

灵感产生的形式尽管多种多样，但是还是有规律可循的，按其产生的心理机制不同，基本分为四大类：第一类，突发式灵感，即设计师的意识尚未明确地指向某一事物，而在自身的心理活动中突然出现了意料不到的想法，通常所说的"灵机一动、计上心来"，指的就是这种灵感。第二类，诱发式灵感，即在一些与设计本身并不相干的观察和分析中，通过创造的敏感，捕捉到设计灵感的信息，这种灵感多与记忆中保存的某些信息为基础，重在日常生活中的长期积累。第三类，联想式灵感，即设计师处在与解决问题相关的信息作用下，通过联想而达到由此及彼、触类旁通地解决问题。联想的关键在于思维的广泛性和灵活性，既要由此及彼联想到其他，又要能找到事物之间的内在联系，以解决实际问题。第四类，提示灵感，即处在与解决问题有关语言的提示和启发下，产生新思想、新观念、新假识，新方法。灵感虽然有些捉摸不定，但绝不神秘，它是对勤奋努力、勇于探索的人的最直接的奖赏。只要我们能静下心来，多查阅一些服装资料，多思考一些相关的问题，灵感随时会出闪现出来。

(二) 灵感是时装绘画创作之源

灵感，在主题说明中，指明自己的创意灵感出自何处、来自哪里，便于引导观众顺着设计师的思路去认识、理解创意的思想和内容。灵感与题材既相关又分离，有时灵感可能就是来自于题材之中的某些形态的启迪，或是对题材内容的一种领悟和再认识。此时，两者是相互关联的，如果灵感与题材分析分别去谈，就容易出现重复，主题说明可只取其一；有时灵感可能来自于别人的一句话，或对某种事物的一种感受。

由于灵感的思维产生质变、飞跃和创新，这对时装绘画的创意构思作用就显得极为重要，具体表现在以下四方面。

第一类，在平时灵感起到引爆作用。作为时装绘画者，出于职业的需要，平时大都处于观察生活、体验流行的状态之中，要把所看到的一切和所感受到的一切都与时装绘画联系起来，人们的一种衣着状态、交谈中的一句话、环境的一种色彩、树木的一种形态等，或许都能萌生时装绘画创意的灵感。而这些灵感产生之后，进而就会引发一连串的思考，并逐渐形成一件或一个系列的时装绘画创意构想。

第二类，构思初期，灵感起到先导作用，当时装绘画设计师接受了某项设计工作，或是自我拟定了某一主题之后，就需要围绕这一命题收集资料或构思。这时，设计师的心态反映的是需要构想，然而却不知道构想是什么，也就是不知道如何把想法落在实处，转化为具体的形象，哪怕这一形象只是时装绘画上的某一部分或粗略的轮廓都行。这时就急切地需要灵感起到先导作用而找到形象思维的切入点，只要有了这个切入点，若是思维顺畅的话，凭着直觉和创作的激情，有时创意就可一气呵成。

第三类，在构思中期，灵感起到催化作用，时装绘画构思在充分展开或深入阶段，常常会遇到思维受阻、创作中断的情况。这时就需要改变思路、调整方向，需要灵感的催化作用，以促使思维发生质变和产生飞跃。

第四类，构思后期，灵感起到再生作用，当时装绘画构思接近完善和结束阶段，设计师常常会有一种意犹未尽之感。如果就结束设计构思，灵感也会随之消失殆尽，若是再想启动设计思维尚需一段调整才能进入最佳状态。倘若能从这一构思过程中抓住某些尚可变化的方面，从发展或逆反的眼光去看待它、构想它，或许还会萌生新的灵感，而再生新的创意。

（三）灵感来源

时装绘画设计师从地球的每个角落，从历史的每一个时刻，从姊妹艺术中寻找挖掘灵感。例如，设计师们从非洲的旅游指南寻找各种原始的文化与装饰；从往昔的小说插图、祖父母时代的旧照片寻找浪漫情怀；以及从结构明朗简洁的后现代建筑物等去寻找设计师的灵感。另一方面，轻柔动听的乡村音乐，经典的苏格兰毛线编织，以及华贵典雅的旧式酒店，都有浓重的质朴感和线条美，亦是设计师汲取灵感的来源。此外，时下年轻人的世纪末逆反心态，对于过分严谨和谐传统的概念毫无兴趣；榜反叛不羁、反映社会民生的标语和标志，"语不惊人誓不休"的各种装束，都被纳入潮流，成为街头少年一族的景观。总而言之，生活便是灵感的源泉，从历史、从民族、从现代观念等均可挖掘出时装绘画设计的灵感来。

生活在世界不同国家、地区的许多民族，由于社会、经济、文化习俗的影响，在长期历史过程中逐渐形成了具有各自特点的服饰形式，这都为时装绘画提供广泛的素材。这种服饰形式具有浓郁的地方特色和民族风格，如东方风格、牛仔风格、西班牙风格、爱斯基摩人风格及风情各异的民族服饰，使服饰世界五彩纷呈、倍添意趣。

现代时装绘画取材广泛，设计灵感大多来自世界各民族的服饰形式，取其精华与象征性，结合现代的审美观和功用性，使服饰设计体现出一种新的民族风格。如西班牙风格的裙装，采用层叠或荷叶边的田连衣裙和多层次的衬裙，裙摆宽大而丰满；上身短小，外套经各式盘丝绳绣、金线绣、珠绣进行装饰，再配以大沿边草帽，使服饰洋溢出热情奔放的西班牙风情特色。东方风格主要来自东方各国及非洲的传统服饰，丝绸锦缎的柔软飘逸，波斯图案的华美富丽，色彩装饰的绚丽热烈以及丝穗、刺绣、珠宝的迷人光辉，形成了浓

到的新创意描绘下来，将突现的灵感"固定"住。或者从诸多的灵感来源中找出一个主题，比如以花为主题展开联想，以一首音乐、一句诗作为主题等设计一系列的服装。

(二) 要抓住"难题"

书上的、生活中的、系统知识中的，经常地去抠它、琢磨它，不一定期望出现结论，出不出结论并不重要，重要的是过程，长时间思考这个过程。在这过程中，你的思维能力必然得到提高，思维能力高了，就具备了将来出现灵感的素质。要常常阅读服装书籍，经常去展览馆、博物馆收集资料，身边要有资料、照片、面料小样等任何可以激发灵感的东西，研究大自然，观看一些电影、戏剧，并写出自己的观后感，通过互联网了解最新的资讯，在录像、电视上观看时装，逛商场的时候留意一些顾客的需求。随时将这些与我们的服装设计联系起来。遇到难题不要退却，要耐心的琢磨、思考，积累多了，思考的东西多了，自然而然就会有灵感，最后形成新的理念。

了解了服装设计中的一些灵感来源，把握住这些因素，学会随时观察周围的事物，提高观察的技能，消化看到的景象，不断地积累，再将它们综合起来，移植到自己设计的服装中，进而设计出现代人接受并喜爱的时装。

第三节　创意设计思维过程

一、创意服装的概念和意义

(一) 创意服装设计概念

创意，《现代汉语词典》的解释是：想出新方法、建立新理论、做出新成绩或新的东西。因此，我们可以将创意理解为是一种意识，一种意念，一种前所未有的、超束缚性、突破传统的思维模式。

将创意运用于服装设计中的含义，就是设计师发挥创造力和想象力，打破习惯性思维，挣脱传统观念的束缚，用创新的思想和独特的视角去设想方案，以个性化的构思建起与众不同的形式和内容，开拓崭新的穿着形式。

(二) 创新服装设计的意义

创意服装的目的常常是追求一种新的服装形式和新的着装观念的出现。一个好的创意服装，从使用功能上看，虽然不能直接服务于日常的现实生活，但能让人们在欣赏过程中接受到许多新观念、新思维和新形式。这些信息既可以起到更新人们的审美观念、提高审美能力的作用，同时这些作品一旦获得社会、观众的普遍接受，就会产生新的流行内容，带动和促进商业化服装产品的销售，从而获得可观的社会效益和经济效益，对促进市场化的服装产品设计的新陈代谢带来好处。

二、创意服装的设计特征

创意服装一般具有原创性、审美性、导向性三个特征。

(一) 原创性

创意服装设计作为一项带有浓郁艺术性的工作，讲究原创性是其基本要求，也是体现其价值的根本因素。

服装作品中的创新内容较为宽泛，既包括造型中的新形态、新结构，穿着形式中的新搭配、新方法，材料中的新处理、新组合，色彩中的新效果、新变化等可以直观感受的外在内容，也包含在服装新形式中体现出来的新思想、新观念、新主张和新思路。

当然，我们应该认识到，所谓"新"与"旧"，并不是绝对的，而是一个相对的概念。从旧服装中受到启迪，产生新生的服装，就是由"旧"向"新"的转化。被誉为天才的时装设计师约翰·加里亚诺（John Galliano）就经常从历史服装中借取灵感，以他超凡的敏锐对古代素材和当今技术与材料融合，组成全新的风貌，他的设计影响着世界潮流，被称为当今最具原创力的设计师。

(二) 审美性

创意服装的审美性，是指服装作品中所包含的可欣赏性因素。创意服装与国际流行趋势、文化倾向和艺术流派有着较为密切的联系，且常常预示着服装流行的主题方向，创意服装的这种特征决定了其设计的超前性和时尚性。因此，创意服装的造型往往带有较强的艺术审美价值和艺术感召力。

这一方面需要设计师用合理的表现形式去构建作品的情景或者趣味，以达到吸引和感染观众的目的；另一方面，又要求设计师需要站在更高的层面，与普通欣赏者的审美经验拉开距离，去表达自己独特的审美理想，唤起和提升普通欣赏者的审美欲求和审美层次。

(三) 导向性

创意服装常常代表着某一时段内服装文化潮流和服装造型的整体倾向，预示着更新的服装流行趋势。通过这些设计作品，不仅能充分表达出设计师的审美意识，在审美情趣上为人们带来艺术享受，还能在着装观念上给予人们新的启示，在生活方式上为人们提供新的选择，起到一种引导国际服装市场和人们的穿着方式的作用，因此具有导向性。

三、创意服装的设计过程

创意服装的设计根据引发创作的不同，可以分为偶发型设计和目的型设计两种类型。偶发型设计，是指设计师之前并没有确定的想法，而是受到某类事物的启发，突发灵感而进行的设计创作；目标型设计，是指设计师之前已经制订出明确的目标和方向的设计。比如像我国的"汉帛杯""大连杯"等设计比赛，因此它规定了明确的设计表现主题，限定了设计方向，就属于目标型设计。

无论是目标型设计还是偶发型设计，一般都要经历确定方向、收集素材、流行趋势研究、设计拓展、总体完善等几个方面的创作过程。

(一) 确定方向

对于偶发型设计来讲，设计的开展是受到某一事物的启发而产生的一时创作冲动，因此，设计之初并不存在确定方向的问题，可以任凭主观的表现愿望或表现内容去发展完成设计，但依然要明确最终设计的风格、想要表达的设计理念等关键性问题。

对于目标型设计而言，事先都会有一个明确的设计目标，如某服装设计大赛的征稿通知、某活动开幕式的表演服装设计等。设计师在开始工作之前，首先要确定设计项目的要求，如设计的目的、设计的类型、设计的季节、设计的数量、面料的选择、设计完成的时间、设计效果图的格式以及一些特殊要求等，这对能否完成设计任务非常重要。

通常此类的设计目标会比较宽泛，往往只有一个大体的指向和限度，这一方面可以充分发挥设计的想象力，但同时也因为设计内容相当空乏，而造成设计思路的混乱无序，难以集中精力搞好创作。这就要求设计师对设计目标进行分析和研究，迅速识别和排除干扰因素，以达到缩小或划定较为具体的设计范围的目的，从而使自己思维变得清晰和明确。

(二) 收集素材

设计实践证明，无论是偶发性设计还是目标型设计，都需要在设计之前收集相关的设计素材。对于偶发性设计而言，最初的设计冲动可能来自不经意间的发现，或者突然间的想法，然而真正进入设计创作阶段后，仍需要寻找大量有关的设计素材作为补充，才能设计好作品。对于目标型设计，因为有既定的设计方向，收集与之有关的素材资料更是不可或缺的，这是获得设计构思的诱发和启迪的必要手段。

收集素材可以从以下几个方面入手。

1. 自然生态

在这个大千世界中，大自然给予我们人类太多的东西：雄伟壮丽的山川河流、纤巧美丽的花卉草木、风云变幻的春夏秋冬、凶悍可爱的动物世界等，大自然的美丽景物与色彩为我们提供了取之不尽、用之不竭的灵感素材。

2. 历史文化

历史文化中有许多值得借鉴的地方：古拙浑朴的秦汉时代、绚丽灿烂的盛世大唐、清秀雅趣的宋朝时代、古老神秘的埃及文明，充满人文关怀的文艺复兴时期、华丽纤巧的洛可可风格等。在前人积累的文化遗产和审美情趣中，可以提取精华，使之变成符合现代审美要求的原始素材，这种方法在成功的设计中举不胜举。

3. 民族文化

世界上每个民族都有着各自不同的文化背景与民族文化，无论是服装样式、宗教观念、审美观念、文化艺术、风格习惯等均有本民族不同的个性。这些具有代表性的民族特征，都可成为设计师的创作灵感，民族化的创作理念作品历来在设计中备受重视。

4. 文化艺术

各艺术之间有很多触类旁通之处，与音乐、舞蹈、电影、绘画、文学艺术一样，服装也是一种艺术形式。各类文化艺术的素材都会给服装带来新的表现形式，它们在文化艺术的大家庭是共同发展的。因此，设计师在设计时装时不可避免地会与其他艺术形式融会贯通，从音乐舞蹈到电影艺术，从绘画艺术到建筑艺术，从新古典主义到浪漫主义，从立体主义到超现实主义，从达达主义到波普艺术等艺术流派，这些风格迥异的艺术形式都会给设计师带来无穷的设计灵感。

5. 社会动向

服装是社会生活的一面镜子，它的设计及其风貌反映了一定历史时期的社会文化动态。人生活在现实社会环境之中，每一次社会变化、社会变革都会给人们留下深刻的印象。社会文化新思潮、社会运动新动向、体育运动、流行时尚及大型节目、庆典活动等，都会在不同程度上传递一种时尚信息，影响到各个行业以及不同层面的人们，同时为设计师提供着创作的因素，敏感的设计师就会捕捉到这种新思潮、新动向、新观念、新时尚的变化，并推出符合时代运动、时尚流行的服装。

6. 科学技术

科学技术的进步带动了开发新型纺织品材料和加工技术的应用，开阔了设计师的思路，也给服装带来了无限的创意空间以及全新的设计理念。科技成果激发设计灵感主要表现在两方面：其一，利用服装形式表现科技成果，即以科技成果为题材，反映当代社会的进步。20世纪60年代，人类争夺太空的竞赛刚开始，皮尔·卡丹便不失时机地推出"太空风格"的服装；其二，利用科技成果设计相应的服装，尤其是利用新颖的高科技服装面料和加工技术打开新的设计思路。例如，热胀冷缩的面料一面世，设计者将要重新考虑服装的结构；液体缝纫的发明，令设计者对服装造型想入非非；夜光面料、防紫外线、纤维、温控纤维、绿色生态的彩棉布、胜似钢板的屏障薄绸等新产品的问世，都给服装设计师带来了更广阔的设计思路。

7. 日常生活

日常生活的内容包罗万象，能够触动灵感神经的东西可谓无处不在：在衣食住行中、在社交礼仪中、在工作过程中、在休闲消遣中，一个装饰物、一块古董面料、一张食物的包装纸、一幅场景、一种姿态都可能存在值得利用的地方；一道甜品、一块餐巾或是一束鲜花，都可以引发无尽的创作灵感。（如图1-8）设计者只有热爱生活、观察生活，才能及时捕捉到生活周围任何一个灵感的闪光点，进而使之形象化。

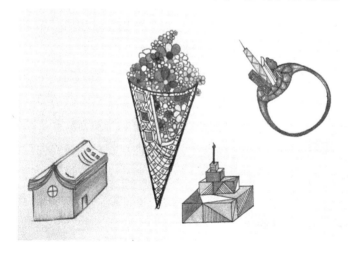

图1-8 生活中的闪光点

8. 微观世界

从新的角度看实物，一个简单的方法就是尝试不同的尺寸比例。一件常见物品的局部被放大后，可能就不再乏味和熟悉了，而变得新颖，成了设计创作的灵感素材。正是这种对素材的深入了解，才能使你的作品有着个人独特的风格。

（三）流行趋势研究

素材的收集只是设计工作的基础，如何赋予它们新的含义和流行感，才是创意设计的意义所在，这就需要我们对当前的流行趋势进行研究和掌握。

服装的流行趋势主要是指有关国际和国内最新的流行导向和趋势。流行趋势可以来自市场、发布会、展览会、流行资讯机构、专业的报纸杂志以及互联网等。信息包括最新的设计师作品发布、大量的布料信息、流行色、销售市场信息、科技成果、消费者的消费意识、文化动态及艺术流派等。流行趋势不断受到经济、社会、政治、文化等变革的影响，它为设计师提供了基本的设计方向。

进行流行趋势研究时，要留意资料中有关廓型、比例和服装穿着方式的图片信息，寻找造型和服装组合的灵感，将关键要点做笔记；从资料中收集关键词，这能为服装的款式、细部、织物和装饰设计提供更多的灵感；分析趋向性的时装发布，使自己的设计理念与流行同步；研究最受欢迎的设计师，比如约翰·加里亚诺（John Galliano）、山本耀司（Yoji Yamamoto）等当季和过季的发布作品，思考是什么让这些服装那么流行，所有的这些工作在设计中起到重要的参考和借鉴作用。

(四) 设计拓展

1. 确定元素

在众多素材中选取一点，集中表现某一特征，称之为主题。要开始一组服装设计，首先要确定的就是主题。主题是一个系列构思的设计思想，也是创意作品的核心。从素材中选取你最感兴趣、最能激发你创作热情的元素进行构思，当启发灵感的切入点明朗化、题材形象化，并逐渐清晰时，系列主题就会凸显出来。如从自然生态的素材中衍生出来的"野草"主题，从科学技术中衍生出来的"骇客帝国"主题等。

2. 制作概念板

概念板也称故事板，是以一种比较生动的表达形式说明设计的总概念，它能帮你对收集到的素材进行选择，将你头脑中模糊的设计理念以清晰的视觉形式体现出来。这是整理思路和图像的第一步，它有助于设计师缩小范围，拓展理念。一旦重要的想法理顺，有了清楚的思路，设计就会变得简单多了。

制作概念板就是搜集各种与主题相关的图片，对它们进行研究、筛选，注意将研究素材和流行意象及趋势预测结合起来。再把这些选好的图片粘贴在一个大板上，同时选择一组能再现主题的色彩系列一起放在画板上，以便你一眼就能看出这些设计会怎样演变。概念板有的复杂，有的简单，但正如它的名字所暗示的，概念板必须始终抓住设计方案的基调。

3. 绘制草图

这是一个将灵感具体化的过程，也是设计思维的深化过程。根据设计理念，充分运用前面所学的设计方法，如同形异构法、局部改进法、加减法、极限法、反对法、分离法、转移法、反对法、整体法、局部法、限定法、组合法等，将想法展示在纸上，通过不断尝试而萌生新的想法，将处于萌芽状态的很多东西逐步清晰明了，设计的思路也会逐渐明朗。

可根据设计理念写下一些关键词，如"优雅的""柔和的""怀旧的"等字样启发你设计出与主题相关联的服装款式与细节。从草图到正稿记录了设计思维的真实变化过程。在这个过程中，可以将一些局部的特殊工艺制作成实样，这样既能证明设计构思的可行性，也能在工艺制作的二次设计中得到更多的启示。

4. 确定正稿

确定正稿就是需要在多种变化的草图方案中确定最佳的表现形式。在确定过程中，设计者一方面需要回到最初的感受状态中，回味最初的感觉；另一方面还需要以艺术的眼光去审视这些构思，以便确定既符合自己的追求，同时又是最具艺术感染力的设计形式。倘若发现形式尚不理想、不到位或者还未表现出最初的想法，就要分析原因，能修改就进行修改，不能修改的就需要重新构想。

需要提醒的是，在这一过程中，需要把设计的服装形象，从结构工艺的角度较为完整地在头脑中"制作"一遍，以此来验证设计的可行性和合理性。只有这样，构思才不会空想和幻想，不至于偏离服装的本质。

(五) 总体完善

在完成了创意服装的系列设计后，仍需要进行最后的完善。要把思维的重心从细节构思转移到整体的把握上来，从整体的角度审视各个细节之间的关系是否和谐，包括恰当的造型、色彩材质和肌理的美感，精心处理的同一、参差、主次、层次以及平衡、对比、比例、节奏、韵律等审美关系，实现总体效果的完美。

以上介绍的只是创意服装设计的一般过程，只要能获得理想的设计结果，过程是可以灵活的，可以因人而异、因习惯而异，没有必要按部就班地进行。

四、创造性思维的训练方法

(一) 想象与联想思维训练

想象和联想思维在视觉艺术思维中是不可缺少的重要成分，是决定艺术创作成功与否的重要条件之一。视觉艺术思维的训练首先要从想象和联想的训练入手。艺术家的想象力除了天赋之外，后天的训练也是举足轻重的。因此，要让艺术家积极地开动脑筋，针对艺术创作中的主题、类型、手法、思想内涵、形式美感和色彩表现等方面，充分展开想象的翅膀，发挥艺术创作的想象能力，不拘束于个别的经验和现实的时空，而让自己的思维遨游于无限的未知世界之中。爱因斯坦说："想象力比知识更重要，因为知识是有限的，而想象力概括着世界上的一切，推动着进步，并且是知识进化的源泉"。与科学一样，没有想象力的艺术创作，是不可能有永恒的艺术生命力和艺术感染力的。

　　我们在作画时注重视觉对象与周围环境关系的处理，这种知觉选择性与知觉对象的转化关系在现代视觉艺术的平面艺术中称为图（视觉对象）地（周围环境）反转。这是对视觉艺术家普遍进行的思维训练方法之一。最早研究图地转化关系的鲁宾（E. Rubin），他的著名"Rubin之杯"（图）图形表现的是在一个长方形画面中画着一只对称的黑色杯，如果仔细观察杯子的左右空白部位，则发现是相对着的两人侧面像。随着视觉的转换，杯和人的侧面像相互交替出现，形成特殊的画面。这类图形在视觉艺术作品中被广泛地应用。如染织美术中的"千鸟纹"，广告、装潢艺术中的各种画面等。图地反转变化的理论强调了人们的感觉不是孤立存在的，它要受到周围环境的影响。因此，利用这个方法加以训练，有助于丰富我们的艺术想象力。在此基础上，要求被训练者表达出与众不同、具有独创性的见解。在视觉艺术领域里，这样的训练是培养人们充分发挥艺术想象力而进行创作的必不可少的环节之一。

　　联想是人的头脑中记忆和想象联系的纽带。由人对事物的记忆而引发出思维的联想，记忆的许多片段通过联想形式进行衔接，转换为新的想法。主动的、有意识的联想能够积极而有效地促进人的记忆与思维。

　　美学家王朝闻说："联想和想象当然与印象或记忆有关，没有印象和记忆，联想或想象都是无源之水，无本之木。但很明显，联想和想象都不是印象或记忆的如实复现。"在艺术创作的过程中，联想与想象是记忆的提炼、升华、扩展和创造，而不是简单的再现。从这个过程中产生的一个设想导致另外一个设想或更多的设想，从而不断地设计创作出新的作品。

视觉艺术思维中的想象离不开联想这个心理过程。联想是通过赋予若干对象之间一种微妙的关系，从中展开想象而获得新的形象的心理过程。人们在日常生活中对事物产生的美感形成了特有的印象，而对视觉形象的记忆又随着人的思维活动形成了知觉与感觉形象的联系。因此，当某个对象出现时，人们的大脑会立即兴奋起来，随着它进行一系列的联想。例如，由"速度"这个概念，人们头脑中会闪现出呼啸而过的飞机、奔驰的列车、自由下落的重物等，随之还会产生"战争""爆炸""闪光""粉碎"等一系列联想，这些联想引导我们去体验它的力度、色彩和线条的组合（如图1-9）。以图形创意训练为例，我们选取自然界中的一片树叶作为创作题材，通过艺术家的观察、思考和一系列的联想，创作出众多别具特色的艺术造型。由叶产生形的联想，如手、花、小鸟和山脉等；由叶的质感产生意的联想，如轻柔、飘逸、旋转、甜美、润泽和生命等。

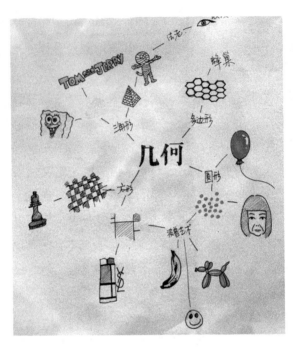

图 1-9 图形创意

艺术创作中联想的结果能够产生一种特殊的心理感受。当一个人在欣赏他所喜爱的音乐作品时，会感受到一种独特的气氛和环境，从中联想到特定的色彩和空间形式。从唐代张若虚的《春江花月夜》"春江潮水连海平，海上明月共潮生。滟滟随波千万里，何处春江无月明"的优美诗句中，我们可以联想到波涛翻涌的江水，一望无际的大海，清冷宁静的月夜，如梦如歌的乐曲和处于这种情景之下人的内心境界。虽然联想思维的形式往往是快速闪现或是模糊不清的，但艺术家们却能够在艺术创作的过程中及时捕捉而使其成为清晰的视觉形象。

联想有依据具体形象进行直接的、相关的联想形式，也有概念相近的或多种元素组合起来进行联想的形式，有的甚至是看似毫不相干的几个因素通过中间因素的转折达到联想的目的，事实上它们之间可能存在着某种内在的联系，如同"月晕必有风来，础润必有雨落"，只不过这种联系并不是每个人都能够发现并运用的。在国外一些艺术学院里，教授通常会给学生们出一些联想创作的练习题目，给你数个看似毫无联系的概念，充分发挥你的想象和联想能力，把它们有机地联系起来，用语言、画笔进行最佳的表现。这样的训练能够培养学生广泛联想的能力，使艺术思维的创造力能够得到最大限度的发挥。

（二）标新立异与独创性思维训练

在视觉艺术思维的领域中，艺术的创作总是强调不断创新，在艺术的风格、内涵、形式、表现等诸多方面强调与众不同。不安于现状，不落于俗套，标新立异、独辟蹊径，这些都是艺术家们终身的追求。标新立异是视觉艺术思维中一个非常独特的方法。当艺术家在创作中看到、听到、接触到某个事物的时候，尽可能地让自己的思绪向外拓展，让思维超越常规，找出与众不同的看法和思路，赋予其最新的性质和内涵，使作品从外在形式到内在意境都表现出作者独特的艺术见地。

标新立异法要求艺术家在艺术思维中不顺从既定的思路，采取灵活多变的思维战术，多方位、跳跃式地从一个思维基点跳到另一个思维基点。

那些遨游在思维空间的基点，代表着一个个思维的要素，如在视觉艺术创作中需要考虑的风格、流派、色彩、图案、题材、材料或肌理等。多一个思维的基点，就多一条创新的思路，艺术家要从众多的思路中寻找出最新、最佳的方案。

标新立异的视觉艺术思维训练强调个性的表现，任何艺术作品，如果没有独特的个性特征，则容易流于平淡、落入俗套。个性表现是艺术的生命力所在。清代郑板桥是一位极富个性的书画家，特别是他的水墨兰竹及板桥体书法，与众不同，为世人所称道。他在书画创新方面有这样的诗句："删繁就简三秋树，领异标新二月花。"充分的个性表现属于个体及其对象，在于艺术创作的具体性、独特性和自由发展的意识。艺术创作的审美需求是不可重复的。对于同一个艺术形象，每个人的感受是不同的，各自都有自己的审美体验，表现出人们的个性特征。

人们以不同的思维形式独立地进行思考，在心中建立起不同的审美形象。如画家们面对同一对象进行创作，所绘制出的作品仍会各不相同，因为每个人都有自己独特的心灵感受和审美体验。

标新立异的视觉艺术思维能力还可通过视错觉和矛盾空间造型的训练方法获得。在日常的艺术创作中，人们往往习惯于接受符合常规的视觉形象而忽视变异的方法，而艺术作品如果看上去总是一板一眼没有变化，便容易令人生厌。在平面设计中视错觉方法在一定程度上体现出与众不同的创作思想。视错觉又称"错视"，指在特定条件下，由于外界刺激而引起的感觉上的错觉。如我们在停着的火车上看到另一列刚刚开动的列车时，一时间会误认为是自己所乘的列车开动了，这是人们感觉上的瞬间错觉现象。缪勒莱依尔错视是两条等长的平行线段，在线段的两端各加上方向相反的引导线，将人的视觉向不同的方向引导，会使人产生上线短下线长的错觉。同样，原本是完全平行的两条直线，分别用不同方向的线段进行分割交叉排列，由于重复排列的线条导致视觉引导力，使人产生了线条排列的方向错位感、不平行感甚至线段的弯曲感。我们在创作时可以尝试一下错视思维法，在人们看惯了的视觉形象中有意识地将局部进行错视处理，如利用线条的方向、线条的穿插、图形大小的对比、图地反转以及无理图形等方法，使人产生非自然的视错觉，达到一种独特而又富于变化的艺术效果。

矛盾空间造型训练是更为复杂的形式之一。矛盾空间是在平面空间中表现出的一种特殊的立体感幻觉空间。人们观察这种图形时，初看是完全合理的形象，经过仔细观看后却发现了许多不合理的矛盾空间形态。如边洛斯三角形、矛盾形、斜线交叉不合理形等，都是矛盾空间的典型作品。在艺术设计领域里，矛盾空间形式的应用非常广泛。矛盾空间造型训练的方法，能够培养艺术设计师在理性思考中具有趣味性、个性和标新立异的特征。

(三) 思维广度与深度的训练

思维的广度是指要善于全面地看问题。假设将问题置于一个立体空间之内，我们可以围绕问题多角度、多途径、多层次、跨学科地进行全方位研究，因此有人称之为"立体思维"。这是非常有效的视觉艺术思维训练的方法之一，它让人们学会全面、立体地看问题，观察问题的各个层面，分析问题的各个环节，大胆设想，综合思考，有时还要作突破常规、超越时空的大胆构想，从而抓住重点，形成新的创作思路。

视觉艺术思维的广度表现在取材、创意、造型、组合等各个方面的广泛性上。从广阔的宏观世界到神秘的微观世界，从东方与西方的文化交流，从传统理念与现代意识的融合，都是我们进行视觉艺术创作所要涉及的内容。在现代视觉艺术设计中，思维的广度似乎更加重要。有时设计一件艺术作品，不仅仅要依靠艺术方面的知识来指导，还要得到其他学科诸多方面的支持。如进行环境艺术设计时，设计师不仅要有艺术素养，还需要有建筑学、数学、人体工程学、人文、历史、环境保护等多方面的知识。

思维的深度是指我们考虑问题时，要深入到客观事物的内部，抓住问题的关键、核心，即事物的本质部分来进行由远到近、由表及里、层层递进、步步深入的思考。我们将其形容为"层层剥笋"法。

在视觉艺术思维过程中，思维的深度直接关系到艺术创作的成败。我们在进行艺术创作时，要善于透过现象看本质，客观、辩证地看问题，不要为事物的表面现象所迷惑。其他思维形式也如此，但在视觉艺术思维中则更为突出。许多成功的艺术范例都说明了这一点。视觉艺术是以塑造形象达到审美愉悦为主要目的的，在形象的塑造过程中，不要只罗列现实中的一些表面现象，而要注重形象的精神面貌、意境表现。

思想内涵等多方面的表达，要将这些作为视觉艺术创作中的主要思考内容。具有一定艺术深度的艺术作品，才能让观赏者回味无穷，产生共鸣，体味其中的艺术魅力。一般说来，如果一件艺术作品具有较高的思想性、较深的艺术内涵和较好的艺术表现力，那么就说明作者的思维具有一定的深度。

（四）思维流畅性与敏捷性的训练

思维的流畅性和敏捷性通常是指思维在一定时间内向外"发射"出来的数量和对外界刺激物做出反应的速度。我们说某人的思维流畅、敏捷，则是指他对所遇到的问题在短时间内就能有多种解决的方法。如在最短的时间里对某事物的用途、状态等做出准确的判断，提出最多的处理方法。

据科研人员用现代化仪器测定，人的思维神经脉冲沿着神经纤维运行，其速度大约为每小时250公里。不同的人其思维的流畅性和敏捷性是有区别的。例如，人们面对同样一个问题，有的人想不出解决的办法，有的人能做出几种乃至几十种判断并迅速想出相应的处理方法。

思维的流畅性和敏捷性是可以训练的，并有着较大的发展潜力。如美国曾在大学生中进行了"暴风骤雨"联想法训练，其实质就是训练学生的思维以极快的速度对事物做出反应，以激发新颖独特的构思。在教师出承题目之后，学生将快速构思时涌现出的想法——记载下来，要求数量多，想法好，最后再对这些构思进行分析判断。经过这方面的训练，人们发现，受过这种训练的学生与没有受过训练的学生相比，思维的敏捷性大大提高，思维也更加活跃。

(五)求同与求异思维训练

艺术的求同、求异思维,用一个形象的比喻,就是以人的大脑为思维的中心点,思维的模式从外部聚合到这个中心点,或从中心点向外发散出去。以此为基础,又引申出思维的方向性模式,即思维的定向性、侧向性和逆向性发展。对于艺术的思维形式来说,这几个方面都是进行艺术创作过程中非常重要的因素。了解、掌握并有意识地进行这种思维方法的训练,有利于我们在现代艺术创作中充分开发艺术潜力,提高视觉艺术思维的效率和创作能力。

求同思维就是将在艺术创作过程中所感知到的对象、搜集到的信息依据一定的标准"聚集"起来,探求其共性和本质特征。求同思维的运动过程中,最先表现出的是处于朦胧状态的各种信息和素材,这些信息和素材可能是杂乱的、无秩序的,其特征也并不明显突出。但随着思维活动的不断深入,创作主题思路渐渐清晰明确,各个素材或信息的共性逐渐显现出来,成为彼此相互依存、相互联系,具有共同特征的要素,焦点也逐渐地聚集于思维的中心,使创作的形式逐渐地完善起来。

求异思维是以思维的中心点向外辐射发散,产生多方向、多角度的捕捉创作灵感的触角。我们如果把人的大脑比喻为一棵大树,人的思维、感受、想象等活动促使"树枝"衍生,"树枝"越多,与其他"树枝"接触的机会越多,产生的交叉点(突触)也就越多,并继续衍生新的"树枝",结成新的突触。如此循环往复,每一个突触都可以产生变化,新的想法也就层出不穷。人类的大脑在进行思维活动时，就是依照这种模式进行思维活动的。人们每接触一件事、看到一个物体，都会产生印象和记忆，接触的事物越多，想象力越丰富，分析和解决问题的能力也就越强。这种思维形式不受常规思维定式的局限，综合创作的主题、内容、对象等多方面的因素，以此作为思维空间中一个个中心点，向外发散吸收诸如艺术风格、民族习俗、社会潮流等一切可能借鉴吸收的要素，将其综合在自己的视觉艺术思维中。因此，求异思维法作为推动视觉艺术思维向深度和广度发展的动力，是视觉艺术思维的重要形式之一。

　　求同思维与求异思维是视觉艺术思维过程中相辅相成的两个方面。在创作思维过程中，以求异思维去广泛搜集素材，自由联想，寻找创作灵感和创作契机，为艺术创作创造多种条件。然后运用求同思维法对所得素材进行筛选、归纳、概括、判断等，从而产生正确的创意和结论。

　　这个过程也不是一次就能够完成的，往往要经过多次反复，求异—求同—再求异—再求同，二者相互联系、相互渗透、相互转化，从而产生新的认识和创作思路。

（六）侧向与逆向思维训练

　　在日常生活中常见人们在思考问题时"左思右想"，说话时"旁敲侧击"，这就是侧向思维的形式之一。在视觉艺术思维中，如果只是顺着某一思路思考，往往找不到最佳的感觉而始终不能进入最好的创作状态。这时可以让思维向左右发散，或作逆向推理，有时能得到意外的收获，从而促成视觉艺术思维的完善和创作的成功。这种情况在艺术创作中非常普遍。达·芬奇创作《最后的晚餐》时，出卖基督的叛徒犹大的形象一直没有合适的构思。他循着正常的思路苦思冥想，始终没有找到理想的犹太原型。直到一天修道院院长前来警告画家，再不动手画就要扣他的酬金。达·芬奇本来就对这个院长的贪婪和丑恶感到憎恶，此刻看到他，达·芬奇转念一想何不以他作为犹大的原型呢？于是他立即动笔把修道院院长画了下来，使这幅不朽名作中每个人都具有准确而鲜明的形象。在一定的情况下，侧向思维能够起到拓宽和启发创作思路的重要作用。

逆向思维是超越常规的思维方式之一。按照常规的创作思路，有时我们的作品会缺乏创造性，或是跟在别人的后面亦步亦趋。当你陷入思维的死角不能自拔时，不妨尝试一下逆向思维法，打破原有的思维定式，反其道而行之，开辟新的艺术境界。古希腊神殿中有一个可以同时向两面观看的两面神。无独有偶，中国的罗汉堂里也有个半个脸笑、半个脸哭的济公和尚。人们从这种形象中引申出"两面神思维"方法。依照辩证统一的规律，我们进行视觉艺术思维时，可以在常规思路的基础上作一逆向型的思维，将两种相反的事物结合起来，从中找出规律。也可以按照对立统一的原理，置换主客观条件，使视觉艺术思维达到特殊的效果。

在平面设计中，逆向思维是常用的训练方法之一。如埃夏尔的作品《鸟变鱼》，这个作品打破了思维定式，将天上飞的小鸟经过渐变的处理手法逐渐演变为河水，而白色的天空逐渐过渡为水里的游鱼，鸟和鱼是图地反转的关系，画面自然和谐，耐人寻味。另一幅作品《瀑布》在构思上也采用了逆向思维的方法，利用透视的错觉，形成了水渠与瀑布的一整套流动过程，并在看似正常的图形中将局部加以变化，造成一个不合理的矛盾空间，仔细分析后得知这个画面是违背常规的。

从古今中外服装艺术的发展历程中我们可以看出，时装流行的走向常常受到逆向思维的影响。当某一风格广为流行时，与之相反的风格即要兴起了。如在某一时期或某种环境下，人们追求装饰华丽、造型夸张的眼饰装扮，以豪华绮丽的风格满足自己的审美心理。当这种风格充斥大街小巷时，人们又开始进行反思，从简约、朴实中体验一种清新的境界，进而形成新的流行风格。现代众多有创新意识的服装设计师在自己的创作理念上，往往运用逆向思维的方法进行艺术创作。"多一只眼睛看世界"，打破常规，向你所接触的事物的相反方向看一看，遇事反过来想一想，在侧向—逆向—顺向之间多找些原因，多问些为什么，多几个反复，就会多一些创作思路。在艺术创作过程中，运用逆向思维方法，在人们的正常创意范畴之外反其道而行之，有时能够起到出奇制胜的独特艺术效果。

（七）超前思维训练

在视觉艺术思维中，超前思维是人类特有的思维形式之一，"是人们根据客观事物的发展规律，在综合现实世界提供的多方面信息的基础上，对于客观事物和人们的实践活动的发展趋势、未来图景及其实现的基本过程的预测、推断和构想的一种思维过程和思维形式，它能指导人们调整当前的认识和行为，并积极地开拓未来"。超前思维是指人类思维活动中面向未来所进行的思维活动，在社会发展的许多领域中，超前思维做出了卓著的贡献。在艺术创作领域里，超前思维训练也是非常重要的一个方面。从思维的纵向、横向、主客观因素中，从多角度、多层面去揭示超前思维的规律，是视觉艺术思维中一项很有意义的活动。尤其是科技高度发达的今天，视觉艺术思维活动必须与迅猛发展的现代科学技术联系起来。20 世纪的艺术创作是艺术与科学有机结合的产物，没有高水平的超前思维活动，也就不可能有高水平的艺术创造。

视觉艺术思维的超前思维有一个特定的发生、发展过程。人们在进行艺术创作之前，由于创意的需要引发出对客观事物的感受、分析和认识，在此过程中，或以主观愿望为动机引起超前思维，或是某些思维活动以超前思维的形式进行，再去主导相应的行为活动。超前思维的形象联想、艺术想象是创作构思中能够促进艺术家、科学家开拓新领域的一个环节。一些想象和联想的形象在没有被发明或被实践证实的时候，往往会被人们认为是荒诞的幻想，但正是无数这样的幻想多年以后成了现实。如果没有人们的超前思维，世界就不可能发展到今天这个规模。

这一点在科技领域里表现得尤其突出。人们曾幻想能够插上翅膀飞上蓝天，根据这种超前思维体现出的幻想，美国的莱特兄弟努力观察研究，终于创造出了虽然简单但能够飞上天的第一架飞机。法国科幻小说家德勒凡尔纳在他的科幻小说中描述出当时还没有出现的潜水艇、导弹、霓虹灯、电视等，这些在不久以后都逐渐成为现实。"嫦娥奔月"是中国古代一个美丽的神话传说，古今中外还有许多作家都创作出了以人类飞向月球为题材的故事，这个人类的梦想终于在20世纪60年代末被实现了，美国的"阿波罗"号宇宙飞船载着两名宇航员登上了月球。美国工业设计师诺曼·贝尔·盖茨（Norman Bel Geddes）1940年在"建设明天的世界"博览会中，代表通用汽车公司设计了"未来世界"展台，为未来的美国设计出环绕交错、贯穿大陆的高速公路，并预言："美国将会被高速公路所贯穿，驾驶员不用在交通信号前停车，而可以一鼓作气地飞速穿越这个国家"。尽管当时有许多人对此表示怀疑，甚至提出反对意见，但这一预言现在已变成现实。高速公路以其安全、快速、实用的功能和美观的造型遍布全世界，为大自然增添了一道独特的景观。

艺术创造的超前思维强调通过形象来反映和描绘世界。现代艺术创作除了艺术形式之外，还要与人们社会生活中的各个有关方面联系起来。超前思维训练能够帮助我们在艺术创作的过程中积极主动地面向未来，并从幻想中寻找思路，在创新中实现理想。

（八）灵感捕捉训练

灵感思维是视觉艺术思维中经常使用的一种思维形式。在创作活动中，人们潜藏于心灵深处的想法经过反复思考而突然闪现出来，或因某种偶然因素激发突然有所领悟，达到认识上的飞跃，各种新概念、新形象、新思路、新发现突然而至，犹如进入"山重水复疑无路，柳暗花明又一村"的境地，这就是灵感。灵感的出现是思维过程必然性与偶然性的统一，是智力达到一个新层次的标志。在艺术家、文学家、科学家的头脑中，灵感随时随地都有可能出现，灵感能够使他们创意无限，获得成就。

灵感思维是潜藏于人们思维深处的活动形式，它的出现有着许多偶然的因素，并不能以人们的意志为转移，但我们能够努力创造条件，也就是说要有意识地让灵感随时突现出来。这就需要了解和掌握灵感思维的活动规律，如灵感的突发性，灵感在思维过程中的不连贯性、不稳定性、跳跃性、迷狂性等多种特点，加强各方面知识的积累，勤于思索，给灵感的出现创造切。列宾说过："灵感不过是顽强劳动所获得的奖赏"。但这种灵感的到来并不是空穴来风，"得之在顷刻，积之在乎日"，辛勤的劳动、艰苦的探索，善于观察、勤于思考，是灵感发生的先决条件。

同时，我们还要学会及时准确地捕捉住转瞬即逝的灵感火花，不放弃任何有用的、可取的闪光点，哪怕只是一个小小的火星也要牢牢地抓住，这颗小小的火星很可能就是足以燎原的智慧火花。在许多艺术家的创作设计生涯中都有这样的体验。如米开朗琪罗在创作罗马教堂壁画的过程中，为了以壮观的场面表现上帝的形象，他苦思冥想，没有满意的构思。一天暴风雨过去后，他去野外散步，看到天上白云翻滚，其中状如勇士的两朵白云飘向东升的太阳，他顿时彻悟，突发灵感，立刻回去着手进行创作，绘出了气势浩大的创世纪杰作。

有一次肖邦养着的一只小猫在他的钢琴键盘上跳来跳去，出现了一个跳跃的音符和许多轻快的碎音，这个现象点燃了肖邦灵感的火花，由此创作出了《F大调圆舞曲》的后半部分旋律，据说这个曲子又有"猫的圆舞曲"的别称。这些都是艺术家抓住突然闪烁的灵感火花而创做出的优秀作品范例。又如，视觉艺术家在创作过程中，某个偶然的事件和突发的因素能使艺术家那模糊不清、反复思考却无结果的概念突然清晰起来。儿童的信手涂鸦、行车时迅速后退的街景、古希腊神殿残存的柱石、随风而舞的树叶、大地龟裂的纹路、干枯树枝的交错排列等，都能够触发人们心灵的共鸣而产生灵感，如果你果断而准确地捕捉住瞬时闪现出的灵感，对你的创作可能会起到不可估量的作用。灵感的捕捉对于艺术家来说，是职业的敏感与天性的结合。艺术家们在艺术创作中一旦出现灵感，往往激情高涨，如入无人之境，达到忘我、痴迷的程度，不顾一切地投入创作。灵感出现的机遇对每个人是公平存在的，灵感就在每一个人的身边。尽管它有时是稍纵即逝，甚至令人百思不解，难以捕捉。那些努力追求、刻意进取、随时留意并敏锐地感觉、捕捉到灵感的人是成功的典范。培根说："人在开始做事前要像千眼神那样察视时机，而在进行时要像千手神那样抓住时机。"不停地思考、努力的探索，为艺术创作中灵感的出现铺平了道路，因而灵感始终属于那些勤于思考的人。

第二章 服装设计的创造性思维

第一节 逻辑思维

设计是一项充满创造性的工作，每个新款式从酝酿到诞生皆经过设计者一番苦心孤诣的思考过程。这其中设计思维运用的好坏直接影响到设计产品的优劣，更是设计者才华多寡的表征。

设计是为了某种目的制订计划，确立解决问题的构思和概念，并用可视的触觉的媒体表现出来。所谓设计思维，就是构想计划一个方案的分析综合判断和推理的过程。在这过程中所做工作的好坏直接影响到你设计作品的质量。这个过程具有明确的意图和目的趋向，与我们平时头脑中所想的事物是有区别的。平时所想往往不具有形象性，即使具有形象性也常常是被动的复现事物的表象。设计思维的意向性和形象性是把表象重新组织安排构成新形象的创造活动，故设计思维又称之为形象思维和创造思维。

设计思维时常伴随灵感的闪现和以往经验的判断，从而完成思维的全过程。思维是因人而异的，不可相互替代。每个人的思维与他的经历、兴趣、知识、修养、社会观念甚至天赋息息相关。任何一件服装的设计都是多种因素的综合反映，因而就出现了差异设计方案，也就出现了好坏优劣之分。

服装的设计思维方法是多种多样的，逻辑思维是其服装设计最基本的思维方式。

第二节　形象思维

当代服装设计早已不是保暖等服装机能性的简单设计，而是从实用功能转向审美诉求的艺术创新。服装设计用美轮美奂的形象来传导信息，传递美感，表现思想，传达理念，渗透情绪，倾诉情感，带给我们极其丰富的视觉魅力和文化内涵。对服装设计师来说，那丰富的想象和联想、连串的灵感和构思、众多的元素和语言，历来是偏向形象思维的创造。本节就形象思维的概念、特点及在当代服装设计中的应用方法进行重新审视，旨在突出其形象的创造和创新。

一、关于服装设计中的形象思维

形象思维是指以具体的形象或图像为思维内容的思维形态，是人的一种本能思维，是人类能动地认识和反映世界的基本形式之一，也是艺术创作主要的和常用的思维方式。在服装设计活动中，收集素材直到塑造服装形象所进行的思维活动和思维方式，因为和形象的关系密不可分，所以称之为形象思维，又叫"艺术思维"。"形象"要素是形象思维核心。思维活动始终结合着具体生动的形象，这是形象思维最基本的特点。所谓形象，是指经过艺术加工而反映客观事物的一种特殊形式，即根据现实生活的各种现象加以选择、综合所创造出来的具有一定思想内容和审美意义的具体生动的图景。

形象思维离不开想象。想象是形象思维的基础，是一种不受时间、空间限制，借助想象、联想甚至幻想、虚构来达到创造新形象的思维过程，具有浪漫的色彩。想象是服装设计不可或缺的手段，是服装艺术审美反映的枢纽。服装设计师通过对客观世界的观察，将无数形象在头脑中储存起来形成表象，再经过分析、选择、归纳与整理重新组过程。通过蕴涵在设计作品中的理想形象对感性形象进行设计，去伪存真、由表及里，筛选出合乎要求的形象素材，再在想象基础上将各类元素进行有机结合，服装设计创意便得到发挥。服装艺术形象所引发的想象应尽量扩展空间领域，使之表现为联想丰富、幻想联翩、幻觉迭现、意象纷呈，以至艺术情趣连绵不断。形象思维活动必须借助艺术所特有的语言和材料，否则就不可能完成艺术形象的全过程。艺术语言，是指艺术家借以体现自己创作构思的技术手法和造型表现手法的总和。服装设计艺术，就是在充分显示材料质地的前提下，充分发挥和利用各种服装造型语言，按照形式美的规律，合理布局，不断创新和创造，赋予服装丰富多彩的情趣和艺术。

总之，形象思维的过程，是从印象到意象再到形象的逐步深入的过程。服装设计的分析、研究之后，选取并凭借种种具体的感性材料，通过想象、联想和幻想，伴随着强烈的感情到鲜明的态度，运用集中概括的方法，塑造完整而富有意义的艺术形象，以表达自己的创作设计意图。

二、服装设计中的形象思维方法

服装设计运用形象思维创意通常有多种方法。

(一) 模仿法

以某种模仿原型为参照，并通过来自生活但高于生活地更典型、更集中的形象进行加工和深化，创造较为生动的新形象。值得强调的是加强和深化必须以生活为依据，设计者在设计实践中以各种原始生活形象为原型，以一种模拟写实的手法表现出来。如服装的仿生设计，包括形态与功能等多方位的仿生，研究动物、植物、人类和自然界物质存在的外部形态及象征寓意，通过艺术处理手法应用于服装设计上。在模仿的过程中，既可以模拟生物的某一部分，也可以模拟生物的整体形象，侧重于形、色、神、质，通过特定的服装语言使之异质同化。大自然给我们提供了取之不尽、用之不竭的创作素材，自然界的一切美好的事物形象都是服装设计借鉴的对象。在现代服装设计中，回归自然和生态学的设计是当前国际服装最新的设计思潮。

翻开服装史长卷，人类模仿生物进行服装创造由来已久。从西方18世纪的燕尾服到中国唐代舞女穿的霓裳羽衣，造型如鹤翔云飞之状；从服装衣袖来看，蝙蝠袖潇洒飘逸，荷叶袖浪漫清纯，花蕾袖生机盎然；从领型看，燕子领、蝴蝶领、丝瓜领、香蕉领、荷叶花边领等千姿百态。这些都是模拟生物与植物形象，发挥丰富的想象力而设计的。服装设计师在仿生学启发下进行构思与创意，价值。

中国著名服装设计师张肇达的设计作品，采用经典的西式晚装 X 造型，排褶、抽皱、珠绣和印花等装饰，基于红、褐、紫等凝重的色调组合，加上西式晚装的解构变形，铸就了招牌式的浪漫设计风格。他运用西式的创意思维形象，表达了诸如敦煌、紫禁城、江南水乡和云南西双版纳的中式主题。张肇达在第二次捧得金顶针奖的云南西双版纳主题设计中，将山水和木纹披在身上，揉捻过无数次的光泽面料若隐若现，从衣服的褶皱处向外蔓延着那离奇花卉的瑰丽色彩，那泛青藤墙、青砖绿瓦的神秘森林被浸润在斑斓的色彩里，仿佛雨水洗过般的清新、滑润与透明。张肇达通过美丽神秘的西双版纳形象语汇塑造的服装新形象给世人带来了难以忘怀的想象。当然还有很多人造的物象，像建筑物、园林、家具、交通工具、玩具等都是服装仿生的对象。意大利设计师瓦伦蒂诺就曾推出中国建筑式样的服饰用品，体现了庄重和威严的中华民族艺术的特征。

（二）移植法

将一个领域中的原理、方法、结构、材料、用途等移植到另一个领域中去，从而产生新事物的方法，主要有原理移植、方法移植、功能移植、结构移植等类型，因此也称移用设计。

移用设计应用了正向与逆向、多向与侧向思维形式，即"移植"是在模仿基础上建立的一种设计方法。在艺术创作领域中，各种艺术有其各自的特点。同时，各种艺术又都有共同点，彼此之间相互联系与影响。从其他艺术领域中得到设计灵感的诱发和启示移用到服装设计中，可以从东西方绘画、雕塑、建筑、文学、音乐作品和相关领域中寻找灵感，并把姐妹艺术的某些因素转换移用到服装设计上。

　　法国高级女装设计师伊夫·圣·洛朗设计灵感多受到绘画、雕塑的影响。20世纪70年代风行的筒形套装，就是她从荷兰画家蒙德里安的抽象绘画作品中移用设计的结果。她的不少作品都是在她在世界各地旅游时产生的，她到中国看到古建筑优美的极具东方神韵的飞檐造型，通过想象产生丰富的联想而触发创作灵感，在原有素材基础上经过感性认识与理性的分析，设计的翘肩服装在20世纪70年代曾风靡一时。凡·高的向日葵在圣·洛朗服装中色彩华美、造型简洁臻于极致。1967春夏的非洲主题以贝壳为主编织的超短裙，原始朴实与精湛工艺融合；1976年，俄罗斯芭蕾主题被誉为"国际情调"；1977年"中国主题"将异国风格与民族特色和圣·洛朗设计风格完美的结合，缤纷的色彩与精美华丽的面料表现得艺术品般的完美；"云纹"图案应用于服装设计是源于毕加索绘画的启发，造型现代时尚。又如苏联著名服装设计师扎伊采夫，在设计时把一些好的素材加以移用与借鉴，经过一定的变形处理，使之蕴涵幻想色彩，给人带来独特的艺术享受。

（三）组合法

　　从两种或两种以上事物或产品中抽取合适的要素重新组合，构成新的事物或新的产品的创造技法。常见的组合技法一般有同物组合、异物组合、主体附加组合、重组组合四种。

　　"组合法"设计是一种繁殖衍生的构成方法，将点、线、面等造型因素进行渐变。系列服装的设计多采用组合设计手法，对服装款式、色彩与面料进行综合设计，采用重复变化组合出多组成衣，成为系列服装设计。系列设计组合时，款式上风格要统一协调、色彩色调要呼应谐调；还可利用装饰手法，把装饰工艺与服饰配件上统一整合形成有机的整体，从而在人们视觉与心理上形成震撼力。国外设计大师也常采用此设计手法，如圣·洛朗的中国文化系列服装设计；帕苛·拉邦纳代表作"古城堡式"系列套装，利用塑料与金银箔等材料，设计出具有非洲艺术风格的礼服，体现非洲艺术和现代艺术思潮的融合；范思哲彩条系列设计，同样带有大师浓郁而独特的设计风格。异形同构组合设计中，异形是指含有两个以上不同的造型形成相对立的因素，如形状上有大小、长短、方圆，状态上有曲直、凸凹、粗滑，色彩上有黑白、明暗、冷暖等（如图2-1）。由于同种面料与设计风格常常给人单调乏味、缺乏创意之感，因而采用异质同构设计，利用这种设计语言求得丰富变化的最佳效果，形成一种颠倒错位差异性大的对比变化，给人明朗、强烈、清晰的视觉美感。运用不同面料与肌理效果，将坚硬与柔软、粗糙与光滑等对比因素进行任意搭配，总体设计风格不变，面貌却焕然一新。这种对比强烈的变化，可以克服人在视觉上麻木，服装样式的呆板，使服装具有强烈个性，取得意想不到的艺术效果。如凌雅丽设计中的解构、层次是不可思议的玄幻、华美和厚重，那一件件徘徊在虚幻与现实的服装，每个细微处都是精雕细刻的折纸雕塑艺术品，层叠错落的羽毛、弯曲扭转的线条、栩栩如生的立体花卉攀附在由硬挺面料构成的骨架上，加之面料恰到好处的肌理变化以及手绘、珠绣等传统手法的点缀，使所有作品都有一股强烈的建筑美感，但却不会让人惊骇，穿戴上身，女孩们宛如绽开的花瓣、悠然的美人鱼，动静之间像被施了魔法，神采从眼眸蔓延到全身。

图 2-1　组合服装

(四) 想象法

在脑中抛开某事物的实际情况，而构成深刻反映该事物本质的简单化、理想化形象的方法。想象是一种较感性的思维活动，是形象思维的重要手段，是在人脑中对已有的表象进行加工而创造新形象的过程。想象思维是想象的丰富性、主动性、生动性与独创性的综合反映，是创造思维能力的主要表现。哲学家黑格尔说过："想象是最杰出的艺术本领。"中华民族的象征"龙"无疑是人类丰富想象的结晶。皇帝的龙袍曾经统治了中国服装几千年。服装设计需要想象，想象来自自然界一切美好的事物，如自然景观中火山爆发，对服装色彩的影响，产生爆炸系列的流行色，宇宙航天技术对服装设计的感应，出现太空宇宙服装，这些都是受想象思维的影响。服装的创意更需要想象，没有想象就不会产生丰富的情感和激情，更不会创造出丰富多彩的服装，也无法塑造出人们理想的着装形象。因此，想象应是一个不受时空限制的、自由度极大、赋予激情与情感的思维方式。想象可以由外界刺激或内心感受，可以集中在一个主题范围内也可以自由地联想。丰富的情感是想象的灵魂，无穷的激情是想象的生命，正是想象使中外服装大师创作出无数服装经典作品。

曾获兄弟杯国际青年服装设计师大赛金奖的凌雅丽，近年来大胆想象，《龙之宠·蜥之宠》《紫原戊彩》《龙鳞赫镞》等大作相继问世。她说，龙族，神秘与权力的图腾象征。所谓"飞龙在天，蛟龙入水"。龙就像神秘的使者，化身在你我周围，通过肌理、刺绣与龙魂打造 fashion，挑战传统服饰形象。作为中国的原创设计师，凌雅丽和她的设计作品走到哪里都给人强烈的视觉冲击力。她在进行艺术创造的过程中，实际上是徘徊在虚幻与现实之间。人因为会做梦而具备了无限的想象力，她对美丽女子的所有梦想和憧憬全都以最细腻的情感和设计，细密缝制在裙裾纱织之间。其新作"边萼灰·赋花羽"，更追求色彩的微妙变幻，传递一种虚无缥缈、薄翼飘烟般转瞬而逝的海市蜃楼氛围，流转那些飘飞的裙裾，荡漾出静谧轻盈的韵律，形成独特的意境。

综上所述，形象思维是以客观事物具体形象为主要内容的思维方式。我们不能认为形象思维是一种低级的思维形式，不能孤立地看待形象思维，要在大胆发挥服装设计形象思维的同时，避免所谓的纯感性经验，而不在较深层次去探索服装设计在思考与制作过程中的科学因素。因此，要对服装设计思维进行科学的探讨，设计时需要把握形象思维的特性灵活加以应用，以理性思考指导形象思维的具体运用，设计者需要以形象、想象与联想为主要思考方式，抓住逻辑规律，运用形象语言，使服装作品既有变化与时尚，更具有深度与内涵。

第三节　逆向思维

逆向思维，即我们通常所说的"倒着想"或"反过来想一想"。逆向思维是在服装设计中能够进行大胆创新的一种思维方式，是在正向思维不能达到目的或不够理想时的一种尝试，它并非是一种完全的正与负的关系。在服装设计中，我们可以运用逆向思维来突破常规思维无法解决的问题，所以笔者认为，凡是非正向或偏离正向思维的思维方式都可以统称为逆向思维。

一、逆向思维在生活装上的表现

人们想象力之丰富，已经不允许服装的形式千篇一律。从服装发展史来看，时装流行走向常常受到了逆向思维的影响。当装饰过剩、刺绣繁杂的衣装和沉重庞大的假发等法国贵族样式盛行时，人们开始反思，把目光向田园式的装束及朴素、机能化方向推移。当巴黎的妇女们穿惯了紧身胸衣、笨重的裙撑和浑厚的臀垫时，人们开始从造型简练、朴素、宽松中体验一种清新的境界。就如裙长的变迁，法国设计师安德莱·克莱究把拖地的长裙改为短裙，又把短裙裙长缩短到膝上5厘米，设计出迷你裙，勇敢地向高级时装领域传统禁忌挑战，成为历史性转折。现代设计师也往往运用逆向思维的方法进行艺术创作。如毛衣上故意做出破洞，剪几个口；衣服毛茬暴露着，或有意保留着粗糙的缝纫针脚，露出衬布，保留着半成品的感觉；重新放置了袖笼的位置，把人体的轮廓倒置；把一些完全异质的东西组合在一起，就像将极薄的纱质面料和毛毯质地的材质拼接起来，将运动型的口袋和优雅的礼服搭配在一起等，这些都是时下的摩登样式。这种服装潮流在与传统风格较量中逐渐被人们所认识和接受，充斥着大街小巷。人们从袖笼重置中感受到了"逆向思维"设计的魅力。

二、逆向思维与服装设计师

逆向思维，这种方法使人站在习惯性思维的反面，从颠倒的角度去看问题。在服装设计领域，通常情况下都是正向思考，但如果只是顺着这一思路，就有可能找不到流行的感觉，而不能进入最好的创作状态，这时如果我们进行逆反推理，就有可能得到意外的收获。现今颇具代表性的设计大师三宅一生在他的作品中，一反人为化的服装造型，改用披挂、缠裹的形式，采用精美的外观、肌理效果强、立体感突出的独特面料，有着很强的视觉冲击力，留给人们更多的惊叹。时装的生命力在于新，这似乎已经成了一种共识。很多设计师认为服装设计难，因为传统服装风格长期积淀，已日趋成熟，并趋于格式化。按照常规的创作设计思路，作品往往缺乏新意，或是跟在别人后面亦步亦趋。随着经济的发展，人们在服装方面已不再满足于传统的模式，他们希望通过服饰能更多地展示自己，于是设计师们尝试用逆向的思维方式打破传统的束缚，开辟新的设计道路。从旧物的再利用到故意作旧处理的后加工，从暴露衣服的内部结构到有意撕裂等形成一种新的前卫风格。日本设计师川久保玲从各种对立要素里寻求组合的可能性，她说："我的思路和灵感不同，我从各个角度来考虑设计，有时从造型，有时从色彩，有时从表现方法和着装方式，有时有意无视原型，有时根据原型，但又故意打破这个原型，总之是反思维的。川久保玲反复强调，"我的价值在于创造新的服装，我不愿意干与以前一样的事情，我总想创造与以前不同的新东西。"我们只要稍加留意，就会发现很多重量级设计师，在逆向思维方面都卓有成效。

例如在"一战"后，法国设计师 CHANEL 把当时男士用做内衣的毛针织面料用在女装上，第一次推出针织的男式套装。这在当时，特别是在正式场合，女士穿裤装简直是大逆不道的。CHANEL 自己晒黑皮肤，留短发，这对于传统的贵夫人形象也无疑是反叛和革命的。这种逆向思维对现代女装的形成起着不可估量的作用。每个季度，设计师都要通过或大或小的发布会来展示他们的新作品，特别是一些高级时装的发布会。例如，2015 年 CHRISTIONDIOR 的时装春夏发布会，把泛黄的报纸，废弃的瓶子、碟子，用粗糙的麻绳串联，打满线钉的西装零部件，毫无顾忌地敞露着里面的结构，未完成的衣片和故意弄破的网状面料随意地耷拉着等，都搬上了T型台。作品在一般人眼中往往显得荒诞不经，引起了许多非议，中看不中用，更有甚者认为"不能看，不能用"，但国际上却流行，不少设计师却忠于这些风格潮流，当然也包括大专院校服装专业的师生，以及粘上一点"学院派"味道的设计人员，也有赞赏之余仿其道而行之。他们认为这些带有浓郁的个性特色，表现出充沛的生命力和创造力，能给人启发和冲击。

三、逆向思维的培养

逆向思维与服装设计紧紧相关，是打开设计师灵魂宝库的金钥匙。值得我们探讨的是，我们如何来培养这种思维方式呢？逆向思维是超越常规的思维之一，主张艺术表现主观感受和激情，采取夸张、变形等生动活泼的艺术手法。它通常造型夸张，色彩大胆奔放，面料鲜明奇特。逆向思维是培养创新精神和创造性能力的基础。一般来说，青年人思想活跃，想象力丰富，对于一些新事物特别敏感，都有一些不同凡响的见解。他们逆反心理特别强烈，在设计上处于旺盛时期，在学习阶段他们有着探索求知的欲望。老师需要关注他们的个性发展并给予充分的鼓励。在实际教学中，教师不能一味地以教为中心，应予组织、引导、点拨；多给学生时间思考、实践、培养动手能力；多给他们表现自己的机会，鼓励他们发表自己的见解；培养其个性化，使之创造性有所提高从而调动整个学习气氛。爱因斯坦曾说过："想象比思维更重要，因为知识是有限的，而想象力概括世界的一切，并且是知识进化的源泉"。在服装方面培养逆向思维的重要渠道之一就是通过参与现今国内外的许多服装设计大赛。要想在这些比赛中入围和得奖就需要设计的服装有新奇感，无论是色彩、造型还是材质上都要与众不同。经历过种种服装设计大赛后，一个人的逆向思维也就得到了培养，因为它需要设计出的服装具有耳目一新的感觉。特别是像"兄弟杯"之类的设计大赛，按照正向思维较难以达到理想效果，很难开拓思路，难以谈得上创新或者说具有创造性。相当多的比赛要求艺术和实用相结合，培养我们把逆向思维或创造性的一些思维运用于实践，为我们的生活服务。我们平时可以通过自己的努力，大胆设想，大量阅读书籍、时尚杂志、期刊、报纸等，多观看一些国内外设计大师发布会的作品，接受最新的流行趋势，参加服装博览会，积极参加社会实践，参与国际服装设计大赛；同时走出去接触一些新新事物，激发潜在的能力，提高眼界，能够不受常识或常规的束缚，见人所不见之处，异想天开，向所接触的事物相反的方向看一看，遇事也反过来想一想，在侧面、逆向、顺向之间多找些原因，多问些为什么，就会多些创作思路了。

四、逆向思维的运用技巧

逆向思维不用刻意追求，很多流行的都是偶然因素促成的，世间的任何事物都不是完美无瑕的，所以我们要在事物发展过程中细心观察，不受常规思维的约束，扩大设计思路，寻找最佳设计效果，逆向思维即会随之而来，导致新奇风格服装的产生。如1987年雨伞，轻便、牢固、美观。传统的黑布雨伞已无人问津，可是制伞厂仓库里库存大批准备做雨伞的黑布成为企业发展的累赘。一般人认为这些已经作防水处理的黑布只能专用做伞，如此思维，将永远走不出困境；这时有人偏离正常思维，提出运用黑色和防雨这两个特点，设计出填充中空锦纶棉的防寒服，使人耳目一新，此设计一举成功。又如1989年某服装厂生产一批出口的防寒夹克衫，由于来样测量袖长与客户要求测量方法的不同：实物来样测量从领肩缝量至袖口，而客户实际要求从后领中缝量至袖口，结果在验货时发现袖长做短7厘米，客户以规格不符，要求全部退货。这时有一名设计师建议把单为一色款式改为相拼又不失外形美观，修改后的夹克衫得到客户认可，由此避免了一场经济索赔纠纷。按照国家服装标准规定，衣服上有任何小的破洞都被认为是废品，而水洗厂水洗牛仔服时，断经、断纬、破洞时有发生。有一名设计师从中得到灵感，经过挑选再次深加工成为时髦产品。如某毛纺织厂由于面料上有许多疵点，而招致退货库存，这时厂里的设计人员运用逆向思维，将服装瑕疵变成纹样，刻意追求那种效果，获得成功。类似的例子举不胜举。情境促成了人的思维逆转，产生新的服装，设计出新风貌。由此可见，在服装设计中偏离正向思维，另类设计及反其道而行之的设计思路，均应概括为逆向思维设计。

　　总之，逆向思维作为思维的一种形式，与服装设计紧紧相连，使人们用不同的思路相互启发、促进，是创造性人才必备的思维品质。我们在服装设计中充分认识逆向思维的作用，有意识地加强逆向思维能力的训练，不仅能进一步完善知识结构、开阔思路，而且能充分释放出创造精神，提升学习能力。

第四节　发散思维和收敛思维

服装大师的作品常常让我们叹为观止。那这些精彩的作品甚至艺术品是如何设计出来的呢？是来源于不同的灵感源对大脑的刺激，有时灵感来源于自然物，有时来源于建筑物，有时甚至我们身边的任何一件事物都能成为设计的源头。这种精彩纷呈的灵感源，如何来到我们的脑海中，是通过什么方式在服装中呈现出来的呢？这种设计源头我们称之为"发散思维构思"，本节通过对各种服装案例的详细分析，梳理出这种思维方式的产生、发展、运用，以及最后的效果。

一、发散思维

(一) 发散思维的内涵

发散思维是文学、艺术领域设计中经常被使用的思维模式。很多设计师作品都是源于这种思维模式。何谓"发散思维构思"？即"人们以某一事物为思维中心或起点而作的各种可能性联想、想象或设想，其思维方式具有发散性的特征"。

例如，从色彩出发进行联想，不同的人会想到不同的结果。由"绿色"发散，进行联想会想到什么？有人会想到树木、小草，这些事物都是以长、直的形状存在的，长、直的形状有长方形、梯形等，即服装造型的"H"型、"T"型等，这些就是"香奈儿典型"。它们讲述的是自信、舒适的穿着风格，这种风格具体的款式有很多，根据细节的不同会产生完全不同的着装形象。以上只是一个由"色彩"(绿色)采用发散思维构思引发联想产生的造型、设计方向。

(二) 发散思维的应用

1. 经典作品的运用

在设计过程中，不管是刚刚入门的学生还是设计已很成熟的名设计师，发散思维构思都是重要的设计构思方法。在服装创意构思中，将思维发散出去，从题材创意中，可以想象有自然题材、音乐题材、绘画题材、高科技题材、民俗题材等。

Christian Dior 的现任设计师 John Galliano 历次的设计都会从这些素材中发散构思。在 2004 年春夏高级时装发布中，Galliano 采用了古埃及的元素，在服装中，设计师从不同角度去阐述神秘的古代埃及。木乃伊的意念放在整体造型中，只是改变了材料，并用到代表古埃及的素材做配饰，比如甲虫、鹰，点缀在服装或模特的头发上。除了运用具体的物象素材，还运用到古埃及色彩：金色、白色。整套服装展现的是辉煌、古老的埃及文明与现代礼服的细节、内轮廓的完美结合，让人惊叹于设计师的想象力与做工的精湛。名设计师之所以成名，是因为他们超前的设计思维和大胆的设计手法。名师们每年的高级时装会被很多人质疑其设计的可穿性，其实这就是高级时装的特点之一，不是"不能穿"，而是强调它们的超前性。这种超前性是成衣设计的导向性，是超于流行的，其他的服装设计种类都要从高级时装中提取元素进行发挥，再设计。这些超前性恰恰是设计师们成功进行发散构思的结果，高级时装及设计师因此而成为众人吸取灵感的对象。

2. 从经典作品中发散构思

对于学生和普通的设计人员来讲，从经典作品中汲取灵感，进行创作才是最重要的。因为设计最初都是从模仿开始，渐渐设计出成熟的原创作品，怎样从经典作品中发现值得借鉴的元素呢？同样也可以采用发散构思。日本著名服装设计君岛一郎"印度之旅"主题时装设计就是发散思维的经典作品之一，作品中的结构细节以及服饰配件运用，无不体现出浓浓的印度风情。2017年，秋冬迪奥的70周年纪念高级时装作品中有很多迪奥刚创立时期的经典造型"X"型、"郁金香"型，当看到这些作品时，会想到"雍容、华贵，充满了女性的味道"，由这种感觉引发的构思很多。在色彩上，雍容华贵的色彩有紫色、金色、红色等。紫色，可以用到衬衫、礼服、T恤上，从高贵的紫色礼服到运动休闲的紫色T恤，这是只有发散思维构思才可以得到的联想结果。

（三）从原型应用到服装

具体的发散思维构思方法是如何进行的呢？首先，从找寻灵感开始，具体的方法，文前已经讲过了，有了灵感之后，再形成原型（造型）、发展细节、最后设计出具体的服装。

1. 原型应用作品的启发

动物题材中的蝴蝶是设计师们屡试不爽的主题，很多设计师都曾用过。如日本设计大师森英惠，她非常喜欢蝴蝶，经常以蝴蝶为主题进行设计，甚至使用中国民乐《梁祝》作为表演音乐。蝴蝶是森英惠作品的标志，对蝴蝶的运用当然是因为其本人对蝴蝶的喜爱，同时跟她的生活背景也有着很大的关系。据说来源于她童年生活的美好回忆：蓝天白云、彩蝶飞舞。蝴蝶与她形影不离，连她在北京的时装店都取名为"华蝶"。这种原型运用源于仿生，可以直接运用原型，也可以对原型进行联想，引申设计。

2. 如何运用原型

对于近年来流行的建筑风，很多学生从中受到启发，进行了建筑风的发散构思，设计出一些较为成功的作品。如从奥运的建筑中，很多人想到豪华庞大的礼服，而有些学生却另辟蹊径，设计出形式、内容俱佳的作品。在T恤作品中主题为"鸟巢"，"鸟巢"的外形细节被运用在T恤的育克部分，结合了建筑本身的色彩，使服装极具现代感。打破了我们对POLO衫图案设计过于单调的看法，开拓了新的设计思路。

除了以上设计案例，还有很多其他的"建筑"设计题材。如以笔者身处的岭南地建筑为源头，这个题目一出来，学生们就非常踊跃，"牌楼""碉楼"等非常具有岭南特色的建筑形式一下子就"蹦"出来。碉楼，是典型的融合了中西方特色的建筑形式。学生们对此很敏感，在设计中使用类似碉楼外观的造型，"棱角分明的外观，穹顶的造型"，还会从中汲取黑白灰的渐变色彩。

服装想让人过目不忘必须要有它的灵魂，一定有令人意想不到的灵感来源。循规蹈矩的设计方法能让我们设计出没有错误的作品，却很难拥有生命。因此发散思维构思方法是能够充分打开设计者的设计思路的一种方法，在实际的操作中，我们会经常使用。在平时的生活中，我们应不时注意各种题材，在拥有很强的设计基础之上，再加上新颖的题材，必定会设计出极富魅力的作品。

对服装设计的发散思维构思进行了较为详细的分析，通过大量服装设计案例的具体分析，总结出发散思维运用在服装中的具体方法。在很长的教学实践中通过对自己和学生的情况进行总结，认为发散思维对提升服装的精神魅力有很大的作用，必定能成为设计教学中开发学生思维的常用方法之一。

二、收敛思维

收敛思维是创意思维的基础成分之一，这种思维活动在人们的思维中不受任何框框的限制，充分发挥探索性和想象性，从标新立异出发，突破已知领域，以一个所要解决的问题为中心，从一点向四面八方想开去，用推测、想象、假设的思维过程提出解决问题的方案，越多越好，越奇妙越好。然后再把材料、知识重新组合，从而创造出更多思维。收敛思维是思维者从已给的大量信息中搜索、寻求、汇总或推断出一个正确的答案或最优的方案的收敛思维方式。这种思维就像聚光灯一样，集中指向一个焦点。在服装创意过程中，当运用发散思维方式产生了多种不同的服装设计方案、设想后，就需要运用收敛思维进一步地汇总和筛选，是什么样的主题服装，用什么样的服装造型进行组合，选择什么色彩搭配以及面料、工艺等一系列问题，通过收敛思维选择出一两种最佳创意方案。

创意思维的产物往往是发散思维与收敛思维共同发挥作用的结果。发散思维是一种开放性思维，和设计者的想象力、直觉、灵感有密切的关系。而收敛思维则体现了设计者的审美能力、设计经验及设计语言的组织能力与表现能力。发散思维和收敛思维是统一的。中国有一句古话；殊途同归。用在创意思维过程中，殊途就是发散的意思，而同归就是收敛的意思。只有通过发散思维，才能在服装设计中开阔思路，拓展视野，从而构思设计出多种新设想、新构思、新款式。但是服装创意活动并非只有发散思维才能完成，还需要收敛思维从中找到最佳设计方案，最新的服装构思等。

三、横向思维与纵向思维

横向思维是一种同时性的横向比较思维，它是从不同侧面去认识、分析事物，探索各种不同的答案，或研究一事物与他事物之间相互关系的特点的思维过程。在分析研究事物的基础上，通过多方位、多角度、多方向的比较研究，通过事物的内在联系和关系，有效地解决问题。"东方不亮西方亮，亮了南方有北方"，这是对横向思维最为生动的解释。纵向思维是一种以事物的产生、发展为线索的思维过程，它是一种历史性的比较思维。通过比较事物的过去、现在、未来，使我们能够科学地认识事物发展的客观规律，同时，也揭示对事物发展认识的反复性和复杂性（如图2-2）。例如，服装的演变与流行都具有周而复始的演变规律。英国有一位时装专家经过多年研究与观察，发现人的审美心理及服装样式的兴衰有一个演变规律,他设计了一种时装样式规律表,表明服装的过去、现在、将来、及人们在衣着穿着中不同的心理状态,从认为穿着的不道德到时尚的大胆行为,最后发展为具有创新精神。我们在研究、预测服装的发展及流行规律时,总是运用纵向思维的形式,进行深入的比较,分析服装发展的历史、现在及未来的超前性,才能拿出最合理、最佳的设计方案和作品。另外在服装创意思维的过程中,我们也应善于同时运用纵向思维和横向思维,它们互相交织、互相渗透,这样的创意思维不仅具有深度,而且具有广度,不仅使人的思维更加精细,而且更加敏锐,更加生动。两种思维的结合,使设计作品构思向深入发展,从形式、功能、色彩、生产条件、使用对象及作品所处的具体环境等诸因素去把握它,设计作品不仅新颖独特,更具深刻的感染力。

图2-2 流行与时尚

第五节 成衣的创意

一、创意思维的概念及重要性

创意与思维密不可分，思维是创意之母，创意是思维的花朵和果实，创意思维是以新颖独特的方法解决问题的思维过程。创意思维不同于一般的思维活动，它要求打破常规，将已有的知识轨迹进行改组或重建创造出新的思维成果。例如，在21世纪初法国时装界被称为"革命家"的设计大师——波尔·波阿莱，他在创作时从不随波逐流，也不像其他设计师那样不断重复以前的样式，他利用十分敏锐的思维方式，勇于打破传统的思维模式，抓住新的时代潮流，把数百年束缚在妇女身体上的紧身胸衣从女装上取掉，使妇女们不仅在身体上，而且在精神上从封建传统束缚中解放出来，取而代之的是宽松、自然、流畅的高腰身的细长形希腊风格。这是一次革命的行动，一次勇于探索打破传统形式的革新，在服装史上具有划时代的意义。

二、服装创意的思维因素

(一) 服装创意的直觉

直觉在服装创意构思中起着积极的重要作用。接受外界信息，用信息来驱动创意直觉，是每一位设计者都必需的职业要求。同时，每一位设计者都有非常敏锐的观察力和敏感的直觉，这是在长期的专业知识熏陶和设计经验的积累下逐渐形成的。有了这种直觉，就可以在收集和整理服装资料时，瞬间地捕捉到、感受到所需的服装资料和信息，引发强烈的兴趣和注意力，进而去关注、研究它。在服装创意构思深入阶段，凭直觉能判断出所设计的服装样式是否成立，是否能达到预期的效果，从而及时地调整设计思路和设计形式，让预期的效果准确地表达出来。法国的著名设计大师皮尔·卡丹，一位中国人家喻户晓的、第一个敲开中国封闭大门的服装设计大师，也是第一位在中国举办时装设计展示会的设计大师。在当时，国民还刚刚从动荡的年代中走出来，对时装的概念还不清楚。这位设计大师就凭借着独有的眼光和直觉来到了中国，给中国人民带来了华彩亮丽的服饰，让中国人明白了何谓服装设计，怎样穿衣打扮，感知到了巴黎时尚的西方品牌，使中国人为拥有皮尔·卡丹服装、服饰，并以此作为事业成功的标志之一而感到骄傲。另外，许多服装设计师都以敏锐的观察力、直觉的感知力，将东西方各自的文化精华相互交融，设计出了举世瞩目的作品。由此可见，运用直觉思维因素，即可得到新的启示，又能拓展设计思路，在感受和吸收新的元素的前提下，创作出具有现代意识的作品。

(二) 服装创意的想象

想象是人思维中最奇妙的一种现象，是创造性思维中最直接、最丰富的动力和源泉，是在人脑中对已有的表象进行加工而创造新形象的过程。

服装的创意更需要想象，没有想象就不会产生丰富的情感和激情，更不会创造出丰富多彩的服装结构与造型，也无从塑造出人们理想的着装形象。因此，想象应是一个不受时空限制的、自由度极大、富于激情与情感的思维形式。想象可以由外界刺激，内心感受，也可以由自己选择的方式引起、产生。可以集中在一个主题范围内，也可以自由地联想。我们在服装创意构思过程中，常常是古代与现代、时尚与传统、东方与西方、民族与民族之间海阔天空、自由自在地遐想。俗话说得好："海阔凭鱼跃，天高任鸟飞。"想象的空间是无限的，是不受任何条文规定的，可以由一个想象联想到另一个想象，一浪高过一浪。日本设计师三宅一生的创作灵感常常来自对未知的想象，带有浓厚的神秘色彩。他极具艺术家的精神与气质，凭借丰富的内心世界和丰富的想象力，将服装中的艺术属性最大限度地发挥出来，设计出形态差异很大的服装形态。他设计的服装并不是在模特身上创造的第二层皮肤，而是以哲理的思想和丰富的想象，给身体与衣服之间保留了造型空间，在服装结构上任意挥洒，释放出无拘无束的创造激情。这种无结构模式的设计方式，摆脱了西方传统的造型模式，使服装设计扩展到一个前人从未涉足的领域。因此，丰富而浪漫的想象力是设计师不可或缺的主观条件。

(三) 服装创意的灵感

灵感是一种富于魅力的思维，一种突发性的心理现象，是其他心理因素协调活动中涌现出的最佳心理状态。处于灵敏状态中的创造性思维，反映出人们注意力的高度集中，想象力骤然活跃，思维的特别敏锐和情绪的异常激昂。在这种情况下，往往就会出现灵感，创意也就随之而产生。例如，

第二章　服装设计的创造性思维

法国时装设计大师让·保罗·戈蒂埃被称为"灵感的发动机"，他的作品从带有朋克的内心精神到超现实主义的立体派，再到传统文化，都是他灵感的来源。他时常从前卫艺术、博物馆、戏剧、朋克、杂货摊等吸收灵感。他说："灵感，最初只是一颗令人兴奋地火花，是我将它变成一种语言，经过长期的摸索和构思，就形成一系列服装。"灵感是我们思维活动中产生的一种特殊的质的飞跃，一种心灵的飞跃。在服装创意行为过程中，再也没有比一个灵感意念产生一个既有独创性，又含有深刻含义的构思放射出的智慧之光，令人感到鼓舞和欣慰。捕捉灵感，是每一位设计者为之追求的目标。灵感一旦出现时，要及时地捕捉记录下来，以防转随即逝。

每一季节、每一流行趋势都伴随着新的款式、新的色彩及新的面料涌现出来。这是设计者把自己丰富的想象力、情感、审美品位和创新的思想，通过大脑的创造性思维活动，借助服装这个特色的造型艺术形式表现出来，使设计者的创造意念、独特的构想及内在思想，构成具体的服装设计形式。是传统与现代并存，还是时尚与流行共载，无论何种形式，都是求得各种阶层消费者在内心思想上、情感上的认同。服装创意，在主观上是设计者阐述个人思想，抒发个人情感、情趣。在客观上，是提高消费者审美意识，倡导时尚流行，开辟服装更新发展的新境界。创意就是一切，将思维的潮流、新颖的创意和丰富的人文理念融入时装之中，用时装来代替创意灵性，来代替新时代发展的方向。

三、成衣的创意

成衣是近代服装工业中出现的一个专业概念，它是指服装企业按标准号型批量生产的成品服装。一般在裁缝店定做的服装和专用表演的服装等都不属于成衣范畴。成衣业的发展，除了受经营管理的影响之外，更重要的是服装成品本身在消费市场上的反映；而销售成绩的好坏则取决于服装的设计与制作是否把握了市场需求。从某种意义上讲，成衣设计是成衣销路的关键，成衣设计必须完全以消费者的反映来评定作品的成败，所以在成衣设计之前必须先了解成衣工业的特性，全面、正确的理解成衣设计，即成衣设计要理性。

在设计理念上要面对现实，正确理解成衣设计的本质。设计理念对设计起着根本性的指导作用，正确的设计理念将助你成功，错误的设计理念将导致设计的失败。我们知道，现在绝大多数服装企业的设计师都是服装专业院校培养出来，或接受过不同形式的高等服装院校专业培训。在专业院校中，服装设计理念教育是重要的授课内容之一，但学校毕竟不是企业，学术化的东西相对较多，而且现实中服装高校与企业沟通的力度往往不够。

从学校到服装企业，究竟应该树立怎样的设计理念呢？一句话：要面对现实，科学地理解成衣的设计概念和内容。这句话该如何理解呢？首先，成衣设计不能太学术化，要从画服装效果图的学校设计惯性中"改道"至工业用服装设计——从理论设计到利润设计，通俗地讲，就是要将自己的设计与企业的利益联系在一起。在设计理念上要注重实际，多加考虑企业利益和企业利润，设计理念切不可脱离市场这一重点要素。太学术化的设计对企业来说往往意味着不实用；第二，设计师要有良好的合作精神。成衣设计是整个服装企业循环大生产中的一个环节，它不能独立于企业之外，它需要和相关的各个部门进行交流与合作，特别是成衣销售部门、原料供应部门、工艺技术部门等。如果设计师与这些部门不进行交流与沟通，那么设计的成果多半会出现问题。例如，不与成衣营销部门沟通就会对成衣款式销售的统计不清或一无所知，这样服装设计师便不能从客观上了解那些款式热销、那些款式滞销，设计的成品将带有极大的滞销风险；不与原材料部门沟通，设计的款式很可能无批量原材料供应，从而无法批量生产，最终导致设计无效；不与工艺技术部门沟通的设计将是不可靠的设计。

　　设计师可以有各种想象，可以将自己的设计意图画在纸上，但是成衣最终是要靠机械设备和工艺技术制作出来的，是由成品来体现的，有专家曾经说过"服装是做出来的，不是画出来的"。再者，设计师不与工艺技术人员沟通将会导致工艺技术人员不能正确领会设计师的设计意图，或者由于技术或设备的问题等，导致设计图根本就无法制作完成。第三，设计师要不计任何形式的进行设计，重点是强化市场观念。成衣的设计形式是多样的，有彩色效果图表现、线描款式图表现、口授设计、综合拼凑设计、二次修改设计、模仿设计（拷贝修正设计）、设计师自己动手制作表现效果设计等。不论哪种设计形式，只要设计师制做出的服装成品能得到市场的"宠爱"就应该得到肯定，因为企业的主要目的就是创造利润，从这个角度来说，成衣设计中就要有"不管黑猫白猫，只要能逮着耗子就是好猫"的理论。

在设计成本上，必须降至最低标准。对服装企业而言，最高昂的成本意味着管理水平的低下，这就要求设计师在设计成衣款式时要有服装成本概念，将成本因素贯穿于设计行为之中。

在设计定位上，成衣设计时对企业的服装销售定位要有一个清醒的认识。服装定位主要包括性别定位，如男装、女装、中性装；年龄段定位，如中年装、青年装、学生装、16～28岁、25～45岁等；消费层次与价格定位，如高收入的白领阶层高价成衣定位、中高等收入阶层中高价成衣定位、一般工薪阶层的中低定位等；销售区域定位，如外销国家、内销地区（销往东北地区、销往广东地区、销往江南地区、销往中原地区等）；服装性质定位，如休闲装、正装、职业装、礼服、时装等。成衣设计定位是设计师必须要掌握的，也是设计成本最基本的前提。

在设计款式上，既要被消费者认可，又要能符合生产上经济工料的原则。成衣款式的设计要有"成衣性"，既要考虑款式的市场效应，又要考虑款式对机械流水作业的可操作性。要尽量避免设计的随意性。从某种意义上讲，成衣设计并不需要设计师过于超前的创造性，而是需要设计师对市场的把握、对消费者心理的掌握和对市场流行的综合预测。成衣的款式设计必须要考虑其批量可生产性和生产的高效性。

成衣企业不是裁缝店，成衣生产需要流水作业的多道工序来完成，款式与结构的不同直接关系着成衣的生产效率。

有不少刚从院校毕业的大学生，在服装企业设计成衣时往往总是想法多而实用少，考虑不全面，设计成衣的"成衣性"还不够。

在设计时效上，要能适应地供应市场且不失季节性。服装美是服装设计的基本原则，也是现代人选择成衣的主要购买参考指数之一。抓住时代的审美共性是对设计师的要求，抓住时代审美共性也就抓住了服装的流行。作为成衣设计师，如果对时尚和流行反应迟钝是不可饶恕的。因此成衣设计师需要利用一切可用的因素，把握住服装的流行趋势，设计出具有时代感的成衣。

在设计销售上，设计师要参与销售策划。设计成衣时要考虑销售上的要求。第一，要对不同的人体体型有所研究，要研究服装的市场定位，了解男装、女装、童装、休闲装不同设计的要求。第二，要设计出齐全的尺码。第三，要参与成衣市场定价，了解市场接受反馈，把握品牌的统一性和品牌服装的风格特色。

应该说，成衣设计绝不能仅凭个人的喜好来行事，而应提供有足够吸引力设计价值的成品来抓住更多的消费者。我们都说，成衣设计是介于设计师的创意与消费者的审美观以及实际需要三者之间的产物。所以，成衣设计必须经过严谨而精确的思考，不论在选料、尺码、颜色还是配件上都要配合有度，否则就会因设计而造成产品的滞销，影响企业的利润。

此外，对消费市场的认识是成衣设计上不容忽视的任务，因为成衣设计的构思必须建立在市场的消费需求上，也就是要迎合消费大众的口味。所以设计成衣首先需要了解成衣市场，而从事成衣设计的工作者，更需要随时随地进行市场调研和分析，客观、准确地了解市场的需求。

成衣设计除了要具备上述理性思考外，在表现手法上还要注意几个方面：广泛发挥流行的趋势，抓住流行的重点，从色彩、造型、装饰上做一系列的设计以迎合消费者追求时尚的服饰心理。饰品、配件的应用搭配，利用饰品、配件的辅助作用，造成特殊的效果，以提高商品的价值感。组合式成衣的创新设计，在设计中有意地把服装做整体的风格设计，表现个性效果，与众不同，利用消费者喜爱新奇的心理。手工艺技术地应用，如手工绣花、手工扎染、手工蜡染、手工编结等都可以应用到成衣设计中去，使成衣具有装饰地艺术效果，刺激消费者的购买欲。新工艺和新设备地应用，如各类服装洗水、服装压花、服装绣花、服装蚀花等。新材料地开发设计，成衣市场中有很多款式都非常需要富有新鲜感地材料来刺激消费，如保暖材料的内衣、保暖材料的外衣、绿色服装材料的应用、高弹力材料的运动装设计等。新材料的开发可从多方面着手，不一定只限于服装的主料，其他辅料也都能设计应用。各地富有民族风味及地方特色的服饰都可以借鉴用于设计成衣，使之变为成衣设计的重要元素之一。从民族服饰中取得设计的灵感，往往能创造出成衣的风格效果。图案装饰的应用设计，有许多成衣可以考虑应用可爱的动物、织物、风景、文字等图案，合理地利用图案设计成衣能为成衣效果增色不少，如年轻人的T恤衫，样式本身缺乏变化，但配合时尚图案的设计则能制造流行。

总而言之，如果成衣设计能多一些理性的思考，那一定能提高成衣的销售量。当然，还有许多细节上的配合也须注意，诸如季节不同、地区的不同、经济条件的不同等。由于消费者自身诸多因素的不同，这些都将直接影响消费者的需求，使消费者对服装的色彩、造型、材料的要求也将自然地有所差异。设计师要清醒地认识到，成衣设计是一种开放性的工作，是一种以市场为准则的工作，成衣设计绝不能闭门造车，也不能只以自己的主观判断来行事，一定要"从市场中来到市场中去。"

四、成衣的制作过程

在常规情况下，一件成衣的制作完成都是从选料开始，经过设计、绘制样板、裁剪、缝制、整烫过程。在生产方式上主要采用"分科生产"和"全件生产"两种。

分科生产方式是以工厂化生产为特点；全件体产方式是以服装店量体裁衣的设计加工为特色。前者是以标准化、规范化、（一定）规模化、机械化的分科工序批量进行生产。因此，一件成衣产品要经过各种人员、各种上序，通过严格的流程管理、技术控制完成。根据成衣品种的定位情况，自动化程度、职工的技术水准、管理水平和形式，以及资金情况等条件有所不同，分科的生产方式又可选择采用流水线式、半流水线式和捆扎式。但无论采用哪种生产方式，其产品的标准化、规范化、系列化要求不变，这和成衣生产的程序不变有关。一种成衣制品在进入市场之前，必须通过策划部门、采购部门、计划部门和营销部门综合信息的分析决定产品类型，然后进入技术部门。在技术部门中设计具体的款式、打板、制作样衣，经过确认后制定出生产工艺及流程工序指导书，进入生产部门。在生产车间，经过裁剪、缝纫、整烫、检验、包装等工序发送商店。然后再将商店不同销售方式的结果和消费者对该产品认可程度的信息反馈到策划部门，成为决策开发下一个成衣类型的依据。

这种从策划到生产、流通，变成信息再反馈到策划中的网络循环模式，及其各环节的有效性成为成衣生产成败的关键。但作为设计者来说，没有必要面面俱到，只要在这个网络中能充分发挥设计应有的作用，网络就是有效的。从整个网络系统中看，技术部门仍是关键，设计和样板技术又是技术部门的关键。因为它对策划者要能正确、充分的理解决策者对产品开发的意图，并且要准确有计划地通过纸样设计和工艺技术指导完成样品的研制；对下（生产部门）要为生产提供准确有效的工艺参数、生产流程及各环节的技术标准和操作规程，并对生产过程、产品质量和造型效果具有监督保证的责任和义务。生产部门是执行部门，但生产方式可以根据规模、产品特点、员工的技术水平等因素决定采用大分科还是小分科。一般规模越大、机械化程度越高，产品定型、批量大，分科就越细，流程越长，即所谓的大分科。分科越细，工人的技术工作范围就越小，这样可以使复杂、技术性强的劳动变成简单程序化的劳动，反而能提高质量，缩短单件产品的工作时间，最大限度地降低成本，提高产品的附加值。因此，在成衣的高品质产品中，各项指标完全不低于单件定做的服装，但其管理水平要求很高。

第二章　服装设计的创造性思维

也就是说，高品质的成衣，只用一个人将它的全部技术都掌握是不现实的，其速度也不可能适应社会化需要。如果把一种产品的全部技术分解为若干个小工序，分配给几个人分别去完成，这样每个分科的小工序就有可能因人不同技术水平和特点而异展开不同难度的工序精工细作，同时可以有效地施展机械化专用设备，形成各把关口殊途同归的局面。这是成衣产品品质完全不低于单件时装的关键所在。虽然成衣生产的工人技术不如量体裁衣的师傅全面，但它可以通过技术分解、提高单科技术水平再重新组合的群体优势来达到或超越"单件制作"的品质。这说明管理水平决定了产品品质的水平。而单件制作是通过师傅一人完成服装加工的全过程，师傅是什么水平，服装品质就是什么水平，几乎没有管理问题。但前者投资大，风险也大，后者则相反。因此，成衣产品用怎样的形式才能合效地缓解这种大投资、大风险的压力就显得尤为重要了。

从成衣生产过程的分科程度分析，定型产品更适合于工业化生产，如西装、衬衫、西裤等。然而，在成衣制品中大部分是非定型产品，如女装、童装、休闲装等，它们的市场很大，也更需要工业化生产。即这类产品不仅要符合非定型产品的市场需求，又要有利于或不完全改变分科生产和规范管理的有效性。成衣系列产品的本质特征正是为此产生的，其本质特征并非我们常见的那种诸如脸谱、彩陶的形式系列，而是从根本上适应非定型产品的工业化生产和管理的需要。最容易理解的解释是，成衣系列产品就是变化有序的定型产品。

第三章 服装快速表达
——通过一个主题进行快速表达

第一节 服装设计主题

一、主题策划

(一) 主题内涵

仿生设计是取之自然的典型行为，是创意设计中的重要组成部分，其哲学内涵与21世纪服饰文化发展所追求的人与自然地统一的内涵不谋而合。近20年来，随着仿生技术的发展，仿生技术在服装设计中的应用也日渐广泛。服装的仿生设计是模仿自然界生物造型、色彩、结构等因素的设计活动，对自然界的生物进行提取以及创意设计，使其满足审美要求的同时符合其师法自然，提倡人与自然和谐统一的主旨。"师法自然"与"天人合一"既是中国传统哲学理念的精髓，同时也是仿生设计作为服装设计未来发展的永恒主题。

人类在"仿生"中不断吸取他物之长补己之短来优化自己。现代服饰仿生艺术设计的灵感源自于与深邃的历史文化的渊源，源自于与自然融合的亲切感，源自于对现代工业文明的反思。仿生服装实际上是从形式上唤起人们对于自然美感的视觉审美需求，同时还满足人们追求和谐与舒适的心理需求。

(二) 主题流行解析

一直以来，人类的发展历程中总是把自然界形态类的服装文明史更添精彩，也是符合社会大众，符合社会潮流的发展，比较贴切作为首要的艺术造型形态，这就说明了自然界中蕴藏了无穷无尽的美，而服装设计领域也同样如此。从模仿飞燕的燕尾礼服、模仿蝙蝠的蝙蝠衫，到模仿喇叭花的 A 形喇叭裙，仿照自然界生物造型的时装式样来愈来愈受到人们的欢迎。人类运用其观察、思维和设计能力，开始了对生物的模仿，并通过创造性的劳动，制造出形形色色的产品。作为衣、食、住、行之首的时装界，自然在这方面也不甘落后。近年来时装界的流行风潮也刮起了"生态风"，由于工业化进程给人类带来了生存空间的恶化，自然生态遭到破坏，人类越来越向往以前美好的大自然，于是人们才觉醒应当重视环境保护，表现在服装设计中即形成了以"返璞归真"及"环保休闲"等的生态学的热潮，并逐步已成为时尚的主流。

设计师在这种思潮和意识的引导下，从自然界中吸取各种灵感。自然界的动物、植物，社会中的生活、建筑物及立体形状等都是服装造型设计借鉴的对象。国际时装大师迪奥推出的"圆屋顶式样"、埃菲尔铁塔式外观以及皮尔·卡丹从中国的飞檐中吸取灵感，设计出耸肩飞袖的造型等都是对自然造型特征的模仿。

为了寻求形象上的突破，越来越多的时尚领航人选择仿生设计，这无疑是给仿生设计奠定了坚定的前进基础，让仿生设计无论是在建筑上还是在服装上，都得以被重视。2010～2014年的时装发布会上，越来越多的仿生服装出现在T台上，夸张的、艺术的仿生设计夺取观众的眼球，其中著名品牌对于花朵的疯狂形态仿生以及色彩视觉仿生，在后几年都引起了剧烈的反响。在时尚的舞台上，加速了生态时尚的流行和仿生风潮的风靡。

不仅在造型上，在功能上服饰的仿生也是随处可见的。受动物界硬甲动物（如乌龟）造型的启发，人们在设计防护服装时，根据防护的目的和人体容易受伤害的部位对其进行特殊的保护，最为大家熟悉的迷彩服就是蝴蝶和变色龙的仿生产物。

形态仿生在时尚T台的演绎给时尚业带来了新的气息，同时更有效、更广泛地宣扬了人与自然的和谐；但同时我们应该从出现在时装舞台的服装设计中发现，世界现阶段的服装仿生设计更多的是集中在仿生设计的初始阶段——形态仿生设计，并且发展仍未成熟，对于自然界生物的美的提取与艺术的凝练变化主要还是花朵的形态和变形做文章。纷扰的花朵或羽翼的多次运用已经不能给观众更多的新鲜感，同时也不利于我们在自然界的再次探索。所以我们应当在造型设计方面寻找新的出路，提取新的时尚元素，变换成新的艺术元素。近年来，设计界弥漫着一种"回家"的渴望，这股"自然风"针对现代设计对标准化、机械化的极端追求，人们又发现自己置身于一个陌生而又毫无人情的环境之中，生活缺少生命力和变化，仅仅只是沉没于平面化的单调中。作为设计师要以艺术家的身份融合高科技和人们的感情需要，设计要体现协调人的理智和情感，给人以"回归""回家"之亲切感，因此造型朴素、符合自然生态规律的设计正好与信息时代的潮流不谋而合，这种以返璞归真的设计潮流使以人为本的设计理念有了更深刻的内涵。

现阶段的服装仿生设计更多的是形态仿生，主要在服装的造型上艺术化，但是要想在服装行业掀起更大的风潮，进一步推动服装产业，势必要在仿生设计上再往前走一步，跟上工业仿生设计的步伐，在服装的织物结构、面料功能上做文章。

仿生服装实际是从形式上唤起人们对于自然美感的视觉审美要求，同时满足人们追求和谐与舒适的心理要求。21世纪的主题就是回归自然，提倡人与自然的和谐统一。仿生设计思维在服装设计中的运用就是让我们更好地选择自然界生物的美丽与时尚科技的结合，推动高新材料在服装中的进一步运用。

近20年来，随着仿生技术的发展，仿生技术在服装设计中的应用也日渐广泛。基于仿生的思路，从生物体的特殊结构和特性获得启发，设计和植被纺织品已经取得显著成效。自然生物的色彩首先是生命存在的特征和需要，对设计来说更是自然美感的主要内容，其丰富、纷繁的色彩关系与个性特征，对产品的色彩设计具有重要意义。有效地将自然生物的元素与现代服饰相结合，仿生学设计是未来世界潮流的趋势所在。完美地将自然界生物体的精髓与东西方时尚的理念相结合，采用大气夸张的廓形，体现出当代女性展现不同自我的个性，同时体现人们对美好生活的向往和幸福的追求。从服装造型、结构、面辅料，体现服装的实用、高贵、不拘一格，体现出女性的优美身体线条，身材颀长、秀美，丰臀细腰。

二、服装流行主题

(一)"简"主义

简单、简约、简洁的设计并不是一种稍纵即逝的时尚，而是人类长期探索后重新找回的一种乐观的人生态度。

一个多雨的城市，一个安静的女人。侧耳聆听雨声，清新的泥土味迎风飘散。突然间，所有的喧嚣都被置之脑后。一切显得如此清新，心中的渴望被无限释放，犹如脱胎换骨。她张开双臂，尽情拥抱这个充满惊喜、愉悦的动人世界。设计师的灵感来源于这样一幅唯美的画面。服装线条流畅、飘逸、帅性且自然。立体剪裁的舒畅与平裁的精确相结合，运用质地与廓形的对比传达那份无所拘束。设计师采用天然丝、麻材质，并将其根据不同质感进行叠加。色彩上选取黑色、白色、灰色来凸现雨中、雨后的整个色调，向我们展示了城市从朦胧到清晰的这一渐变过程。

(二)"原生态"自然主义

神奇的大自然不仅给了我们赖以生存的资源，还给了我们宝贵的精神财富。只有纯洁无瑕的大自然才能孕育出纯净的心灵。清新纯粹的质朴感配合现代风格的先锋前卫，自然主义以朴实又变化无穷的姿态注入时尚生活中。"海"是人类探究永恒的主题之一。对人类而言，深海中的奇特生物总是蒙着一层神秘的面纱。设计师从独特的三维立体角度分析海洋生物的外形，捕捉鲨鱼和其他深海鱼类的动态。同时，海洋生物身上的肌理纹样也是设计师的灵感来源。在面料的选取上，设计师精心挑选光泽鲜艳、舒适爽滑的天然丝织品和手感柔软、色泽鲜亮的化学纤维，再以圆珠片、仿珍珠及亮片作点缀，将海洋生物光滑的表皮肌肤表现得淋漓尽致。在生物纹理的处理上，设计师对不同层次褶皱的灵活运用也恰好展示了这一效果。

（三）穿越时空的浪漫

奇异的番茄红、激励人心的海蓝、清新俏丽的柠檬黄和轻盈活力的苹果绿等一系列明亮的色彩被创意组合，营造出一种鲜活烂漫的感觉。这些颜色让我们回忆起美好的童年，故多彩布料、剪贴画印花都将非常流行。

（四）复古

这一季，复古的味道越来越浓烈，但是又有所不同，这股风潮强调古典华丽的浪漫造型、精巧细致的手工艺感，精雕细琢出春夏"复古浪漫主义"，同时也勾勒出古典的贵族风华。这一季的复古风主要表现出一种繁复的装饰性风格。它把流行、风俗、戏剧等多种元素融合在一起，以优雅且华丽的方式表现出类似故事般的情节，极具张力。

高大的廊柱，七彩飘窗，拱形的屋顶，三者悄无声息地汇聚到最高点。典型的哥特式建筑在设计师眼中折射出不同寻常的内涵。当哥特的光芒刺穿它黑暗外表的一瞬间，它所显现的便是如同天使一般纯净的白。设计师选取织锦缎、双宫绸、雪纺、丝麻等真丝类的布料，辅以亚麻，用天然的材料还原设计最原始、自然的一面。整个系列就如同是整装出行的中世纪皇族：从士官、祭司、丞相到侍从、王后、国王，哥特式的奢华一览无遗。

设计师的灵感来源于洛可可和巴洛克风格，这两种风格分明，线条轮廓流畅，在当今社会仍广为流行。设计师很中意建筑物线条，同样将此运用到了这系列服装理念中。为使作品更贴近建筑风格，设计师选用了质地较硬的织锦缎，使服装的线条更硬朗。整个系列主要色彩有：夏季流行的亮光色、永恒经典的黑色、强烈而又浓重的深紫色、具有视觉冲击力的品红色、柔和的银粉色。设计师将这些颜色由浅至深排列，造成视觉上的递进感及层次感。

埃及是个充满异域色彩的国度，奇特的尼罗河文明与生俱来就有一种令人难以抵抗的吸引力。设计师充分借鉴古埃及文明遗留下来的大量绘画、雕塑、实物和文字资料，并使用现代的服饰技艺手法对古老的埃及服饰进行再创作。整个系列服装以未经颜染的本色系为主，配以玫瑰红、紫色等颜色，渲染了神秘的气氛。面料方面，设计师专注于麻织物，苎麻平布及本色亚麻布的运用，辅以棉织物、帆布、横贡缎等。服装贴合古埃及服装特性：朴实无华、样式宽松，轻盈而简单。

(五) 中国元素

在哈佛从事中国思想研究的史华慈教授有言:"古老传统的中西文化,它们的关怀其实是相似的,都是对人类共同命运在不同语境下的回应,有许多深刻的对话空间。"这样的对话空间在 T 台上,由那些掌握全球风向的标杆设计师们借由中国经典元素来演绎(如图 3-1),更是在传承了精髓之后变作自成一格的设计标志。中国元素已成为世界设计群的最轴心文化。

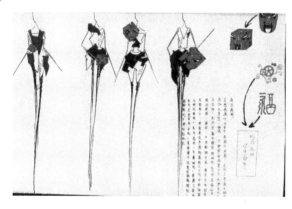

图 3-1 中国元素

中国山水画是这一系列服装的主题。那些冷静、理性、高傲、雅致而又聪慧的女子则是设计师灵感的缪斯。因为聪慧,她们对事物看得很通透,往往仅看到事情的开头就已经猜到了结果。这一点使她们显得更加楚楚动人。她们本身就像中国的山水画,清幽悠远如出水芙蓉。在面料上,设计师选用光滑的丝绸、轻柔的雪纺,充分突出女性的柔美。白色、褐色、银色是此系列服装的一个主色调。服装灵动飘逸、清新脱俗,烘托出山水画中清雅飘逸、如幻似真的情境。

（六）黑色魅惑

时尚的人说黑色代表神秘；前卫的人说黑色代表酷；成熟的人说黑色代表庄重。黑色总是透露出成熟与沉稳的气息。但是另一方面，黑色又是非常浓烈诡秘的颜色，黑色与漆皮的搭配营造出浪漫迷人与神秘性感（如图3-2）。尽管时尚 T 台上色彩四溢，却仍挡不住黑色旋风席卷全球。

图 3-2　黑色魅惑

超现实主义和新艺术是设计师的灵感来源。此系列服装采用非常紧身的、突出身体 S 形曲线的女性化设计。剪裁方面用了大量的几何线条和清晰的曲线来重复身体的关键部位，使视觉效果收缩集中；服装的领围、袖口和边缘线也是弧形，突出了女性柔美、安静的气质。整个系列以凸显女性性感和神秘气质的黑色为主色调，同时，漆皮、雪纺、网眼、缎子等不同质感面料的拼接，形成强烈的厚与薄、坚硬与柔软、反光与亚光、实与虚的对比，使服装本身更生动多变。

(七)魔幻仙境

我们每天忙碌穿梭于一个钢筋水泥铸造的城市森林里，却不知自己想要的到底是什么。灵魂可以纯粹，但欲望却掺杂着颜色。这一强烈的反差正是设计师的灵感来源。服装以淡雅的色系为主：米色、奶白、浅灰。棉、麻、丝材质的运用显示出精神的轻盈。在此，设计师想要传递的是：浪漫优雅而不失活泼的装束下透露出的自由和开放的精神力量，让一个来自于城市森林里会舞动的精灵跃然于 T 台之上

三、服装设计主题变奏思维过程

服装设计的思维是创造性思维，服装设计必须新颖，否则就会被遗忘。创新是指抛开旧的、创建新的或产生新的思想和概念。新相对于旧，是修正、批判或摒弃。旧是新的基础，创新不是服装设计的本质，而是解决问题、实现目的的方法。这种目的是为了满足着装者因生活和社会的改变而产生的新需求，也是市场经济中创新者满足需求、获取利润的手段。在设计中存在两种形式：创造新主题和主题的变奏。这两种形式产生了服装和系列服装。

如何创造新主题是每个设计者都要思考的问题，成功的设计应走在潮流的前面而不是随波逐流。要使作品更充满活力和新意，就要求我们更加注意对周围事物的观察，通过现象看本质，全方位地感受、体验、更新设计观念。服装要有它的时代气息，关键一点是如何用新的语言形式去讲述过去的历史。寻找源于生活和生活需求的设计通常可以利用以下

四种渠道来收集新主题的素材。

(一) 情感意念物态化

以大自然的形象为素材，经提炼，在设计组合上利用自然物的音、义、形等特点，表达特定的情感意念，使自然形象的本来意义升华或变异，成为一种有意味的设计形式。

以姊妹艺术的感应及服装材料的启迪为素材来获取灵感。绘画、雕塑、建筑、音乐的形式以及花卉、景色、面料质地、性格的体现等，其线索特征是"求同性"，以其相同的内在力结构、同质同构或异质同构，来获取创造源泉。其中，寓意、象征和想象是重要的表现手法。寓意是借物托意，以具体实在的形象寓指某种抽象的情感意念。而象征则是以彼物比此物的方法。想象是思想的飞跃，是感情的升华，想象使现实生活增加内容，使具象成为抽象。

(二) 来自他人的经验

设计中可以借鉴他人作品的某一局部、某一表现手段。借鉴即为"拿来"后再结合，也就是"打破一种和谐重新塑造一种新和谐"。他人作品的各个局部是其整体和谐的组合因素，取其局部就必须像果树嫁接一样，使其成为新整体的有机部分，构成新的秩序。全部拿来是抄袭，不和谐的再结合便是失败。

(三) 民族服饰的内涵和民间服饰的引导

复古的倾向和传统精华的继承都可成为佳作或时尚。中国民族服装中富有机能性的要素和独特的装饰要素可以被国外服装设计师所吸收（如图3-3），同样，我们的民族服装也可不断地去吸收国际服装中的先进因素，使自己的创造得到发展。

图3-3 民族元素

（四）文化发展、社会和科技更新变化带来审美观念对衣着服饰的冲击

这种线索常常隐藏在文学作品、哲学观念、美学探求等意识形态之中。比如，第二次世界大战时，人们衣着的改革受到社会变更的影响；当"生命在于运动"的口号遍及天下时，运动装、休闲装也成为一种风尚，如此种种无不体现出创造需紧密联系时代。

纵观服装文化的发展，创新具有很高的地位，衡量设计师的水平，创意是最重要的内容之一。没有创意的人就没有资格作设计师。服装的创新集中地反映出设计师的艺术造诣和全面修养，但创新不可走脱离生活和远离服装设计本质的路，为突出个性而重视觉效果，轻现实需求；重画图，轻制装技术，这样是不可能胜任服装设计的工作的。服装设计在正常情况下对市场消费有引导作用，对于其他设计师有启发灵感的作用。由一套设计常常可以引发出一系列的款式设计来，仔细研究各式各样的设计作品，都可以发现它们源于一个或多个设计主题，款式的系列设计仅当作曲家萌发了一个音乐灵感——旋律，用这个旋律表达某种情感时，这个旋律就成为音乐主题。然后根据这个旋律进行变奏使乐曲得以展开，使乐曲有多个不同的变奏曲，而这多个变奏曲都表达了同一主题。

音乐语言是形式，它所阐述的内容经常无法用文字来表达，可称之为情感符号，服装语言与音乐语言相似，我们很难用文字阐明某套服装有什么内容，优秀的服装只给人一种感觉、情感、气氛。或高雅、或世俗，或严肃或随便，或拘谨或奔放，或简洁或繁杂等。想要描述它们十分困难，说不清楚也说不准确，但确确实实地能感觉到，并常给人深刻印象。服装常常与人结成"有机体"，形象地表现了人的气质和性格。从这个意义上讲，服装确实是具有"内容"的。这个内容就是服装的主题。变奏，即变化服装的主题——形式，主题变奏，需要保持主题的特征或形式的基本结构，若特征或基本结构都变化了也就无所谓变奏了。因此，变奏是对主题进行一些相似性变化。变化的幅度可大可小，但主题的特征或形式的基本结构不能丧失。

从艺术到产品的主题变奏是减弱特征，缩小夸张幅度，并与当前流行的成衣形式相结合，既具有新主题的特征，又与前主题有所联系，合而为一。艺术设计中的系列变奏与艺术到产品的变奏，两者区别在于：前者竭力强化主题，用变奏加深观者的印象；后者出于实用和功能的需要，与过去的成衣形式相融合而淡化了新主题。服装主题有五大要素：大造型（外轮廓）、内分割、色调、花型、肌理。对以上形式问题的理论讨论要比实践简单，理论只是将感觉的东西系统地叙述出来。因此，对形式——主题变奏的最有力的论证就是一个个系列本身，只要本身统一，变化贯穿在一个主题之中，那就是好作品。理论是对以往作品的总结，帮助后来者去理解和创造。

第二节　服装设计的表达

一、服装设计情感的视觉传达与表现

情感是每个人都拥有的体验和感受。生活中，人们不仅极其注重自己的这种体验和感受，还迫切地希望借助于表情、语言、文字等外在的形式，把自己的情感传达给别人，与他人共享痛苦与快乐。服装设计也是一样，设计师总要借助于服装构成的视觉形象传达自己的情感，以使心里的紧张情绪得以释放和缓解。同时，作品还必须有人欣赏和接受，设计师的情感才能与人沟通，设计师的心理才会获得平衡和愉悦。有人把这种"艺术家（设计师）—艺术作品—观众"三位一体

所构成的情感系统称之为艺术情感。那么，设计师又是如何借助于服装这一载体传达和表现自己的情感呢？

（一）情感的传达是一种力的图式

西方格式塔心理学认为，一切事物都可以归结为一种"力的图式"。自然界中的上升与垂落、聚集与散裂、流动与凝固；人类社会的兴起与衰亡、发展与倒退、稳固与分裂；人的成长与衰老、健康与疾病、出生与死亡；人的情感方面的快乐与痛苦、激动与平静、紧张与轻松等，都是受着一种力的作用。当客观事物"力"的结构与设计师内在情感"力"的结构相一致时，设计师就能触景生情，体验到"异质同构"所引发的强烈情感，从而欢欣鼓舞、情绪高涨，心中便会产生强烈的创作冲动和抒发情感的愿望。设计师情感的抒发，运用的仍然是这种"力的图式"。设计师总要找到一种与自己内心情感"力"的结构相一致的表现形式，传达自己的内心感受。美国艺术评论家苏珊·朗格把这种艺术情感的传达看作是"情感的符号形式"，她说："艺术品是将情感呈现出来供人观赏的，是由情感转化成可见或可听的形式。它是运用符号的方式把情感转变成诸种人的知觉的东西。艺术形式与我们的感觉、理智和情感生活所具有的动态是同构的形式。"

（二）情感的传达依赖于表象符号

苏珊·朗格所说的情感符号，主要是指表象符号。它是由造型中的点、线、面、体块、色彩、肌理等要素构成。表象符号之所以能够传达设计师的情感，是由于各式各样的符号的性质及构成状态具有各不相同的视觉力的结构。以色彩为例：红色活泼、热情；黄色光明、高贵；绿色滋润、清爽；蓝色清新、宁静；白色纯洁、轻快；黑色沉稳、庄重等，都是长期的社会实践和生活积累，带给人的对色彩色相的基本认识。在设计师眼里，色彩不仅存在色相的不同，还有明度、纯度、冷暖、面积等方面的差异。就是同一种色相也是具有情感的多面性，如红色的活泼、热情、欢乐，是它积极的一面；动荡、血腥、危险是它消极的一面。色彩的情感还有变化性，同样一种色相构成的因素改变了，情感也会发生变化。如红色调入了黑色，热情就会降低而变得沉稳；调入了白色，热情就会变成冷漠而孤傲。若是调入了其他色彩，随着明度、纯度、冷暖等因素的改变，色彩原有的情感强度就会随之改变甚至走向反面。我们说色彩具有多面性和变化性，并非就是色彩的情感表现不可把握，而是说色彩是极其丰富的，足以表现和传达设计师丰富的内心情感。无论色彩如何变化，它们都是有规律的，就像运用语言和文字一样，再丰富也是可以把握的。

（三）情感的传达受到情绪的支配

构成服装的基本设计元素如何组织，构成什么样的力的结构，采用什么样的形式，是设计师情感传达的关键。尽管在设计之初，设计师也未必明确自己所要传达的情感是什么，更多的只是依赖于自己的直觉，凭着对客观事物的感性认识和强烈的创作冲动去表现自己的思想。表面看来，这样的过程当中只有直觉没有情感。而实际上，设计师所依赖的直觉当中，就包含了设计师个人的审美理想和情感好恶，只是这些情感被隐藏在设计师的思想深处变得十分含蓄和隐蔽而已。英国艺术评论家 H.里德认为："表现是以情绪为导向，受情绪支配的。"事实也证明，不管设计师对自己的情感清楚与否，只要他想去设计创作，就离不开自己的情感或是情绪的主导和制约。尽管在设计构思的初始阶段，设计师对自己的情感并不明晰，但在设计构思的深入阶段，随着设计思维的不断深化，在理性的不断否定和肯定当中，设计师的情感倾向就会变得清晰和明了。因为，单凭感性的设计构想不可能解决服装设计的所有问题，必然需要理性的参与和调控，才能使设计变得尽善尽美。在理性对设计不断修正的过程中，设计所选择的表现形式就会变得越来越恰当和准确，设计所追求的情境效果也会变得越加充实和浓郁，设计师的情感趋向和情感诉求也会越来越清楚。

(四) 情感的表现取决于设计师的选择

设计师的情感表现尽管较为复杂，但不是空洞的，它时刻反映在设计师对信息的选择和加工上。正如心理学家孟昭兰所说："人们在知觉和记忆中进行着对信息的选择和加工。情绪和情感像是一种侦察机构，监视着信息的流动。它能促进或阻止工作记忆、推理操作和问题解决。"在设计构思过程中，设计师经常面对的就是怎样选择的问题。在形态、款式、色彩、面料、表现形式、表现手法等方面都存在着十分丰富的选择内容。面对同一个内容也有不同表现方式的选择，针对同一种款式还有不同色彩、不同面料的选择。尽管在设计创作时，情感的选择也许只是一种下意识的动作或行为，设计师也未必清楚自己的选择就是自己情感的自然流露，但在观众眼中，设计师之所以选择甲而不是选择乙，就表明了他此时的心境和兴趣所在，由此就不难得知设计师内心深处的情感倾向。

或许有人会觉得，自己只是勾画了几根简单的线条，既不涉及重大题材，也未看出什么情感内容，这样的线条还可以随手勾画许多。这种看法当然不错，但在随手勾画的形态各异的线条当中，为什么最后偏偏选择了这几根呢？原因只有一个，就是它们能够确切地表达设计师的内心感受，而人的感受就是人的情感体验。人的内心感受越强烈，对相应因素的选择就越明确、越果断。

（五）情感的表现反映在服装整体效果中

尽管服装构成的诸多要素都能传达一定的情感意义，但在服装设计的情感表现中，它们只是零散的构成因素，不足以表现设计的全部思想和情感内涵。因而，设计师若想让自己的设计达到以情感人的目的，就必须按照情感表现的总体需要对设计元素做出取舍，把它们有机地组合在一起，构成一个完整的包括人体和服饰品在内的整体视觉形象，这样才能营造一个特定的情感氛围。人们常有这样的体验，看一次时装展示要比逛一次时装商店所得到的信息多得多。哪怕是同样的时装，摆放在那里和穿在人身上的效果也是无法比拟的。原因在于整体的表现力会超越各种要素原有的局限，整体一旦形成，就会生发出许多新的"特质"和内涵。正如格式塔心理学的观点：整体不是各个部分的简单相加，而是整体大于部分之和。整体之所以大于部分之和，就在于各个要素构成了一个新的有机整体之后，能够把情、理、形、神等各种艺术效果体现出来，能够产生一种完整的情感气氛和深刻的精神体验。同时，还能表现设计师对情感持有的态度和所追求的情境效果。以一首元曲为例："枯藤老树昏鸦，小桥流水人家，古道西风瘦马。夕阳西下，断肠人在天涯。"文中写了九种景物，孤立地看只有萧瑟的黄昏景象，但整体地看，就已经不是景色的描述，而是离别的感伤和悲哀，世态的苍凉和无奈。人的情感尽在其中，却又不是每个部分所能表述的，这便是整体产生的完整的情感体验。

(六) 情感的表现注重服装各部分的关系

在服装设计情感的表现中，由于情感具有丰富、复杂的特性，就要求情感的表现不能过于简单。要努力发挥服装构成要素的丰富性和表现力，利用服装各个组成部分的相互关系，使情感的表现变得充分和饱满。服装构成的各方面要素在以基本的形式出现时，都具有情感的一般属性，都能传达一种基本的情感趋向。服装设计情感的丰富性，主要在于诸多要素以不同的形式和不同的状态进行组合，所构成的相互之间特定的对比与统一的关系。各种要素的对比与统一，都存在着强、中、弱的不同视觉效果，因而也就形成了为数众多的程度不同的情感体验。

在服装色彩方面，若想改变情感的强度，可以通过明度、纯度、冷暖等因素的改变而获得。如果再利用色彩的组合和对比，用同色相或不同色相的组合搭配，运用两种、三种以及四种以上的多色组合，就完全可以表现复杂情感的丰富内涵和人的悲喜交加、百感交集的情感状态。

在服装款式方面，服装款式的简洁与繁杂、完整与残缺、严谨与松散、遮掩与透露、平坦与褶皱、轻松与厚重等等，也都具有相应的情感意义。同时，各种形态的大小、长短、角度、层次、排列、节奏、秩序等，以及这些要素之间的组合关系，都使情感的表现变得丰富而深刻。

在服装材料方面，服装材质的粗糙与细腻、柔软与挺括、轻盈与厚重等外观感受，以及各种不同的花色、图案和肌理效果，再加上设计师运用贴、缝、挂、绣、镂空、抽丝、磨洗、剪切等手段对面料进行的再加工处理，也包括设计过程中的各种不同材质的服饰品的组合、各种不同材质的服装的组合等，都在充实和丰富着情感的表现。

总之，服装设计情感的视觉传达与设计表现，需要感性的投入，同时也需要理性的参与。是设计师—服装作品—受众，三位一体所构成的情感系统。设计师既与艺术家一样，需要借助于服装这个载体表现自己的内心情感，同时又与纯粹的艺术表现不同，要受到服装的构成材料、构成形式、服装的功能、制作工艺、人体等方面因素的制约，情感的表现由此变得间接而含蓄。

二、服装设计造型独特性的表达

衣、食、住、行，是人们生活必不可少的元素，且"衣"是第一位，可以说，穿衣服是人类必不可少的基本需求。随着经济全球化不断深入发展，中国社会经济快速增长，人们在物质财富上得到满足，同时，追求更高层次的精神享受，而服装则是一种标志物。服装产业是我国的重要经济支柱之一。现今，中国服装产业正在努力转型，从"中国制造"迈向"中国创造"。服装样式是一个国家精神文化的直接表现、人们个性的表达，精神和物质两大层面都存在着流行要素，而服装设计就是流行的设定者。设计是服装的灵魂，而造型则是设计创意的实在化体现，设计创新的价值是无限的，无论是哪一方面的创新，不管是色彩布局还是款式变化，无论是图案的奇特还是面料的新颖，都要通过服装造型表达其独特性。

进入现代社会，人们的生活质量提高，对服装的要求更高，既要穿出美感、个性、舒服、得体，又要对身体有益、与大自然相和谐，这需要设计师凭借自身的设计才华去创造。设计是服装的"灵魂"，文化是设计的支撑，造型是外在体现。服装是展现一个国家的政治、经济、科技、文化等的综合展览品，凸显出人的价值观、伦理观、审美观、民族风貌和时代精神，浓缩着人类发展史和文明史，是反映社会现状的一面镜子；而设计造型、色彩、面料三者的协调统一是服装创新的重要因素。虽然中国是服装大国，但随着世界经济环境的转变，中国服装产业正面临着重大的、严峻的发展问题，依靠大量廉价劳动力要素而形成低成本的优势日渐丧失，加上我国服装业的服装设计水平远落后于国际，创作能力低下，严重阻碍了服装业的发展与提升。如何提高我国服装企业的核心竞争力，打造属于我们自己的强势品牌，关键是"设计"，要把"虚构"变"实体"需要通过设计造型，再好的设计如果缺少设计造型，如同竹篮打水，一场空。然而事实上，中国服装行业正经历着从"中国制造"到"中国创造"的转变，中国服装要打入国际市场，必须加大对服装设计的投入，使设计造型发挥自身重要的作用。提升服装设计的软实力，形成红彤彤的"中国风"。

（一）服装设计中造型独特性的构成元素

服装的基本款式是由造型元素决定的。因此，要设计出满足人们要求的服装，选择造型往往是第一步。在不同的艺术门类中，皆是由点、线、面、体作为基本元素来表现艺术效果，点、线、面、体更是服装设计造型的关键，是表达服装效果、内涵的灵魂，它们是服装设计造型的依据。

服装设计是融合美的形式法则，充分地利用点、线、面、体，使它们即保持自身的独特性，又凸显出整体的和谐美（如图3-4）。

图3-4　点、线、面结合

1. 点

点是最基本和灵活的造型元素，也是最小、最简单的造型元素。细心观看世界，观看身边事物，生活中的"点无处不在，它能够吸引众人目光，成为瞩目焦点；也能够处于安静，成为绿叶。"点的存在形式多种多样，可以是平面的，也可以是立体的；可以是方的，也可以是圆的；可以依附衣服，也可以独立存在；可以是具体的，也可以是抽象的。位置、大少、数量、排位、色彩、质感的不同配搭，会让人产生不同的视觉反应。

例如，纽扣点不仅有功能性，还有丰富款式结构的装饰性；装饰点常用于强调服装设计中的重要部位，形态多样化；点子图案，小的显朴素，大的有流动感；点面料，可以呈现出更好的二维到三维的视觉效果；镂空点，给人自然的感觉。

2. 线

"线是点运动后留下的轨迹，好像下雨时雨点落在玻璃窗上，画出长度、细粗、方向不同雨迹。"线有直线和曲线两大类，在服装中，线条可以勾画出外轮廓造型线、剪辑线、褶裥线来凸显服装特有的形态美。

直线包括垂直线、水平线、斜线。

垂直线，是简单的直线，能提升服装的修长感，通常用塔门线、垂直的裙褶线表现出来；水平线，是呈横向运动的线条，是服装给人以舒服的感觉，通常用约克线、方形劲围线等表现出来；斜线，令服装有了情绪，使人感到不安或者产生复杂的心情，通常用 V 字形劲围线、倾斜的开口线等在裙装上表现。

曲线包括曲线、断续线。曲线，用劲围线、剪接线、圆帽线、曲线状口袋来渗透、表达它的韵味；断续线，是特殊的造型线，用纽扣的排列、人工刺绣等给人活泼的快感。

3.面

"面是线移动时构成的，具有二维空间的性质，有平面和曲面之分，面与面的分割、组合、重叠、旋转的不同组合会产生不同新的面，引发不同的效果。"直面分割、横面分割、角面分割是主要的表现方式。有实面、虚面（点、线的平面集合或者点、线的平面围绕所构成的）。例如，方形面、圆形面、三角形面、不规则形面、面料折叠结构等。

4.体

体是由面和面的组合而产生的，追踪源头是由点变线，线变面，面变体而来的，具有三维空间效果。因为服装的最终目的是依附在人体，凸显人体的美态，所以服装设计时要考虑人体不同的动态对服装的影响，要从不同的角度，去设计造型，使服装各部分、面面之间和谐、和美。

总之，点、线、面、体是实现服装造型实体化的元素，缺一不可、互补互助。

（二）服装设计中造型独特性的重要性

设计创新是无价的，无论服装在哪方面创新，不管是色彩布局，形态构造，还是款式转变；无论是图案怪异新奇还是面料的新颖，设计的创新都要通过造型实体化。

服装设计中，有一项是最为重要的，那就是造型的独特性，因为衣服选用何种布料、颜色、裁剪方法、所用的配饰都是需要根据服装所设计的造型而定的，再好的布料、再适合的颜色、配饰，缺少了独特的设计，也只能是平庸之作，甚至是一种浪费，因此，服装设计中最需要的就是造型的独特性。

一方面，在服装设计中，注重造型的独特性有利于服装行业的发展。在人们的日常生活中，衣服是不能缺少的，同时，服装是时尚的载体，我们可以通过服装来了解现阶段的时尚趋向，通过不断完善，创造出更多独特的造型。随着生活水平的提高，更多的人讲究穿着品位，也有很多人开始懂得衣着文化，服装是文化也是时尚的传导体。特别是在近三十年，改革开放让中国的服装制造市场不断地扩大，已经超出一些常规的行业。现在我国是一个世界工厂，也是一个世界展示地。世界名牌都在中国有加工点，但可悲的是没有真正属于中国的世界名牌，能让外国人刮目相看。我国缺少有很强创新能力的设计师，而且很多服装设计师都是偏重于模仿，而很少自主创新，走在街上，很多时候看到的都是高仿款，而且仿的都是外国牌子。一个服装大国，却没有可以拿得出手的品牌和高级设计师，这是一个多么大的遗憾。要打破这尴尬的局面，打响"中国品牌"，使中国从"世界工厂""中国制造"逐渐迈向"中国设计"，重点就是提升设计师自身的素质，设计师们发挥他们的想象力和创新能力，注重造型的独特性，只有创造出一些属于自己国家品牌和培养出一些优秀高级设计师，我国的服装行业才能更加兴旺，才能持续稳定发展。

另一方面，随着居民收入的不断提高，对生活要求的提高，人们购买服装的能力越来越高，消费结构升级直接导致需求变化。而且人们的整体审美水平的提高，使得人们对服装的要求也越来越高。另外，每个人都是独立的个体，每个人都希望得到他人的认可和赞可。从外在来说，服装是自我表现最好的辅助物品，而且人们通过挑选服装来现实自身的社会地位和自我价值的体现，希望通过服装来展示自己。造型独特的衣服往往更能引起人们的注意和购买欲望。我们知道，在不同的时代，因为审美标准在不断的变动，因此对于服装造型的设计都有所不同，服装设计要不断地变化，才能更好地适应时代的变化。就近代而言，人们越来越追求个性化的造型，走在繁华的街道上，放眼望去，街上很少会有相同的穿着打扮。这是表达个性化的时代，个性差异的存在是个性特征发展的前提，是影响人们着装行为差异的直接原因。而其中主要影响服装行为的个性特征是个体的性格和气质的差异。人们都会通过穿衣打扮来表现自己的思想、气质、品德、审美等内在个性。这时候就会出现问题，什么样的服装才能更加表达自我。不少消费者，特别是女人，对服装要求很高，但是她们又找不到适合自己或者自己想要的服装。尽管我国服装市场的品牌十分充裕，各元素互相融合、交错，但是真正适合自己的服装少之又少。设计创新是无价的，无论服装在那方面创新，不管是在色彩布局、形态构造，还是款式转变，无论是图案怪异新奇还是面料的新颖，设计的创新都要通过服装造型实体化。

（三）服装设计中造型独特性的表达方法及体现形式

1. 服装设计中造型独特性的表达方法

在设计创新中吸收优秀的传统民族民间艺术文化精华，并巧妙地运用到服装设计中去，是当今服装设计造型的主流。对具有民族性素材的应用，要取其精华去其糟粕，要充分消费和吸收，要体现越是民族性的越是能代表世界的，并融合现代设计手法，加以提炼和升华。如意大利著名设计师瓦伦谛诺·咖拉瓦尼，推出了中国民族文化和建筑群式样为主题的服装造型设计。服装设计造型不是单纯的一件可以遮蔽身体的工具，设计创作时要充分考虑穿着者的年龄、职业、体态，最关键的是要考虑现代人心身的需求，价值观和审美观，这样才能创造出大家喜欢的服装。

现今，由于环境污染和自然生态的失衡，使人们重新唤起对大自然的爱恋和环保意识。环境问题越来越日益严重，追求人类社会和自然社会的和谐统一，保护环境、原始形态、关注生态平衡是全球共同关注的领域，因此对自然的形态、自然的肌理、自然的色彩、环保的材质、怀旧的眷恋等设计创作都可以渗透到服装造型的各个方面。所以设计师通过服装造型与大自然的巧妙组合的创新设计，使人民可以通过服装来表达内心的无限真情。设计与生活息息相关，来源与生活，用于生活，生活是无限美好的，融入设计的生活更能体现人的精神内涵。现代人越来越讲究生活的多样化，生活节奏的快速，而生活信息化的发展，使人们讲求时尚、高雅，服装传递着自信，展现个人魅力。

2. 服装设计中造型独特性的表现形式

服装行业的竞争越来越激烈，服装的个性化特性越来越重要。尤其是要吸引客源，缔造经典，服装的独特性必须要表现出来。设计出独特风格的服装并非易事，因为它涉及方方面面，既要体现出巧妙的构思，与别人有区别，又要防止别人的模仿。

在服装设计中，要表现服装造型的独特性主要是通过面料及其质地、纹理、光泽、色彩、裁剪构造等方面的结合，发挥其相映的作用。物尽其用，并把设计师的理念灌输到设计上，才能设计出造型独特的服装。

首先，我们从面料的属性开始，通过选定符合自己设计所需的面料，要有所侧重，有所强调，如何入手，才能表现出那些设计的创新理念，以那一个点为中心来展开设计创作，要取其精华、去其糟粕，从而设计出优质独特的产品。然后，是色彩的搭配，因为在人们看到服装的时候，色彩是视觉冲击的第一要素，也是服装独特性最为明显的表现形式。色彩有一个很重要的作用，那就是引起人们思想的共鸣，情感上互动，因为色彩本身拥有不同的语言，人们赋予它们感情情绪的表达，不同的色彩配搭可以丰富人们的情感，一件好的服装设计，想要造型独特，必须在色彩的选择上有所表现。不同的色彩可以传递情感、烘托气氛，可以表现出穿着者内心的情感要素。因此想通过色彩表现独特性，必须做到协调运用，浅色协调艳丽的色彩有前进感和扩展感，而深色配搭灰暗的色彩有后退感和压缩感。恰到好处地利用不同的色彩配搭，不仅可以弥补设计造型中的不足、粉饰穿着者的不足，还可以突显服装本身的长处。例如，黑色是最为经典的颜色，黑色明度最低，但是给人一种稳重、神秘的感觉，同时让人感到一丝的后退、收缩的感觉，这时候加上一点白色，可以点亮整个设计，或许加上一些暗色的红色、绿色、蓝色和紫色，色彩的配合，给人一种视觉上的冲击，这是很需要设计师的深思考虑。

最后就是服装的轮廓线、结构线、局部造型以及工艺手法，这些在裁剪上的工序，都能够影响服装的空间结构，也最能表现服装独特造型的整体效果。服装设计的造型要顾及形式和功能，两者缺一不可。服装的结构线具有塑造服装外形，适合人体体型和方便加工的特点，在服装结构设计中具有重要的意义，利用不同服装的结构线，可以构成服装不同的形态，从而体现服装不同的美态。

(四) 服装设计中造型独特表达的思维模式

当代以来，世界的服装发展取得不错的成绩，这不仅是服装设计师的功劳，还感谢美术界、艺术界的帮助。为什么这样说？因为设计源于生活，通常艺术大师的不巧之作、创作风格、艺术思潮都会让服装设计师受到启发，寻找到新思路，获得新的创作灵感。而有一部分美术家、艺术家甚至还跨界，对服装发展产生了重大的影响，从服装设计、造型、色彩等方面入手，使服装的美态不断创新，为服装界的设计创新加入新的元素和素材。如有造型艺术之称的建筑业，与服装业关系更是紧密，服装自身的发展，加上建筑造型特征，两者的融合、相撞对服装造型产生较大影响。

在服装行业方面，我国主要是"制造"而不是"创造"，而且更多的是模仿，这种只满足于基本的思维模式是不正确的，当然，现在越来越多设计师开始重视服装设计造型的独特性，这是一条很漫长的路，需要不断完善这种创新模式。设计出造型独特的服装是一种创造性的行为，需要通过布料、色彩、构图、裁剪等可视性的设计来传达具有独创性的思维，把设计师独创的思想意念转化为可以用来交流的成衣。中国的服装业要升级，就要完善服装设计中造型的独特性表达的思维模式，设计师的思想不能只停留在服装设计层面，应该开阔自身的眼界，打破无形的局限。服装设计师们应该以创造性思维为先导，寻求独特，新颖的意念和表达方式，以独具匠心的新型设计引人关注，并且使群众能够接受并引起购买欲望。可以说，要成为成功的设计师，创意和创新思维是很重要的设计。要成为成功的设计师，创意和创新思维是很重要的设计。而造型作为实现服装设计的实体化的通道，更需要创新思维的融入。造型的创新思维同样需要生活、经验、知识的累积，更重要的是要联系自然、社会以及生活文化。虽然设计是一种灵感，但作为思维，不能脱离实际生活，要收放自如。散发思维和收敛思维是创新思维产生的条件。因为发散思维是一种开放性思维，会直接影响设计师的想象能力、灵感创作，拓展思维。收敛思维是设计师审美能力的体现，所以只有两者的相互配合，设计师才能创作出最佳的设计法案、构想出最新的服装构思，呈现出最美的服装造型的姿态。

而造型作为实现服装设计的实体化的通道，更要创新思维的融入，把脑袋里的创新思想转化为实际设计中，并从各方面实现这种转化。从而把服装设计的独特性表现出来。

马克·吐温先生说过："服装建造一个人，不修边幅的人在社会上是没有影响的。"由此可见服装对于人们的重要性。随着时代的变化，在现代，服装除了最初的遮羞、御寒作用外，更多是为了展示自我魅力和表现成就。服装在社会生活中，它用非语言悄悄地帮助你与他人进行交流、沟通和传递你内心的信息，通过服装的选择，我们可以了解到一个人的生活环境、性格特征、工作收入、品位教养等方面。因此，服装设计师要设计好的服装，必须了解不同的阶层，了解不同消费者的不同需要，更需要有创新精神，创造出既能符合当代人需要，又能表现自己的思想的独特的作品。

另外，服装是人体的第二层皮肤，服装的好与坏，也会直接影响到人的心身。现代社会的服装文化，比以前舒服多了，具有较强的时代风貌、文化特征、民族传统，是文化价值的重要体现。而且随着人们个性化的需要，穿着的个性化更是成为社会的普遍现象，而服装设计师所设计的服装造型是否具有独特性，是衡量服装设计师的重要标准。设计造型是设计师创造的实体化，包含了设计师的梦。现代中国的服装业正处于变形时期，服装独特的造型是消费者和厂家乐意看到的和喜爱的，设计造型的独特性的发展快慢，更能体现转型的速度。我们中国是服装制造大国，但不是"创造大国"，中国要想在服装界真正有立足之地，设计就要立足于中国，放眼于世界。设计无处不在，设计造型也处处可见，无论多好的设计，如果缺乏适合的造型，都是徒劳无功的。

第三节　服装设计中的元素

一、元素的概念

在当代服装设计商业运作中时常提及"设计元素"一词，那么，到底什么是服装设计中的"设计元素"呢？根据《辞海》的解释，元素的定义如下：

①一般指化学元素。

②见"集"：具有某种属性的事物的全体称为集，组成集的每个事物称为该集的元素。

可见，元素最初是被应用在化学和数学领域的名词，是指构成事物的基本物质的名称。这是普遍意义上对元素的理解。服装设计中的"元素"概念是借用了元素的化学、数学概念，引申指服装设计中具有鲜明特征的、构成服装的具体细节的集合，包括色彩、造型、图案、材质、装饰手法等能够传达设计者设计理念的服装构成。设计师脑子里千奇百怪的设计理念就通过元素符号这一媒介进行物化的表现，借此传递流行和时尚的信息。

二、服装设计元素的种类划分

服装设计是诸多实用设计中和人关系最为紧密的设计，社会、历史、艺术等生活中所有可见的题材都可以成为女装设计元素的题材。这些看似千变万化的元素并非杂乱无章随意呈现的，可以根据形态属性对其进行分类。

(一)外轮廓元素

外轮廓元素指服装的外部造型,即剪影轮廓。服装造型的总体印象是由外轮廓决定的,它进入视觉的速度和强度高于服装的内轮廓,是服装款式设计的基础。常规有 A、X、Y、O、H 等细分,已为人们熟知,这里不再赘述。

(二)内轮廓元素

内轮廓元素指服装的内部造型,即外轮廓以内的零部件的边缘形状和内部结构的形状。例如,领子、口袋等零部件和衣片上的分割线、省道、褶裥等内部结构均属于内轮廓元素的范围。

(三)色彩元素

色彩元素包括了色彩的色相、纯度、明度等色彩属性。服装设计元素里的色彩元素不仅指单一的色彩,还包括服装个部分色彩间的搭配。服装色彩元素主要呈现四大特性,即民俗性、与人的适应性、流行性、材质关联性。

(四)图案元素

图案元素指以印染、刺绣、提花、钉缀等各种手段在服装表面形成的抽象的或是具象的,具有形式美感的装饰符号。图案元素风格鲜明,具有易识别的特点,有时候流行的重点往往就是某种图案元素。

(五)材质元素

材质元素是指服装主体部分制作面料的质地、色彩、触觉的综合反映。材料是服装的物质基础,色彩和款式都要直接由材料来实现。

(六) 工艺元素

工艺是实现服装设计理念的重要途径，工艺上的变化创新常常能让服装设计师迸发出新的创作灵感，从工艺中发掘新的设计点。服装上的工艺元素可以分为传统工艺和创新工艺两大类别。

(七) 装饰附件元素

装饰附件元素是指服装主体之外对服装起到画龙点睛效果的附件。例如，花边、腰带、纽扣等，这些装饰附件大多同时兼具一定的审美功能和实用功能，也有纯粹为美观而设计的。

三、服装设计元素应用手法

(一) 确定元素

如何对以上诸种元素进行取舍和组织是服装设计中的重要环节，这个过程就是元素的具体设计应用。首先要根据设计理念对具有不同风格的、千差万别的设计元素进行选择，这个过程受到当时流行风潮和所服务的品牌风格的影响，确定适合表达的元素以后再根据设计师的个人审美和设计能力将这些元素组织起来。

(二) 组织元素

当组成一件服装的各元素确定之后，就可以考虑如何运用设计的美感将这些元素组合在一起构成一件完整的服装了。

总体来说，美就是统一与变化的协调。统一是各元素之间的一致和调和，变化是各元素之间的差异与矛盾。变化是使设计中形成对比，从而在形象、秩序、色彩等方面有所突破和创新，产生丰富的层次感。"变化"体现了服装中元素之间个性的千差万别，"统一"体现了各个元素的共性或整体联系。对这双方的合理应用，正是创造和谐的服装美感的技巧所在。

在进行元素组合运用时，同时要对选定元素的形态、材质、数量进行综合考量。相同的元素可能由于形态、材质和使用数量的不同而得到完全不同的设计效果。这种对元素形态、材质和数量的控制是和具体的设计组合方法结合在一起的，在设计时根据最初设计思想和品牌理念，选择元素的形、质、量，结合不同的组合手法和审美规律，不断调整以使之达到最佳状态。元素之间的组织手法是在创造服饰美的过程中，对各种元素之间的构成关系不断探索和研究，结合一般形式美法则总结得出的构成规律，现分述如下。

1. 夸张

就是指在设计中运用突出描绘对象某一特点的方法，使设计在体积、大小、数量等方面与人们平时所熟知的常态造型形成强烈的反差。夸张并不局限于夸大，还可以把设计对象的特征进行缩小。夸张手法在服装设计中颇为常见，可以分为数量上的夸张和形态上的夸张两种。夸张的对象除了装饰物外，还可以对服装的基本部件做夸张。由于服装基本部件是人们平时最为熟悉的，所以这种夸张往往能够起到引人注目的效果。

2. 重复

就是指在设计中使某个元素反复出现，形成一定的视觉冲击。一般来说，这种单位元素的重复出现注重形式感，力求形成一定的节奏感。重复可以使平淡的元素由于多次出现而加深观者的印象。元素在重复的时候可以是将单一元素不加改变，简单重复，也可以将基本元素在形态上略作变化加以重复。

3. 易位

就是指打破常规的服装部件位置，对设计元素进行新的组合。易位改变人的常规思维，往往给人耳目一新的视觉冲击。易位的运用往往由于打破了人们的思维定式而使服装展现出易于常态的前卫效果，能够凸现服装与众不同的个性，适合较为前卫的服装风格，易位的幅度越大，跟常态服装的反差就越大，给人的视觉冲击力也越强。

4. 打散

打散是一种分解组合的构成方法，是指将某个完整的元素分割为多个不同的部分、单位，然后根据一定构成原则重新组合。打散后的元素和原型元素不同，而且打散后的元素各不相同，但这些元素之间又有共通之处，统一之中蕴涵着变化。打散的元素构成手法在服装中多通过图案的变化来表现。解构主义风格的服装是一种特殊的打散构成表现，它是以服装本体为对象进行打散后再重新组合，形成特殊的服装结构和着装效果。

5. 比例

是指一件事物整体与局部、局部与局部之间的比例关系。

运用在服装设计中，就是指服装的各个单位元素与整体服装、单位元素之间的配比关系，它有两个含义：一是指单件服装本身的比例关系，如上衣的长宽比例等；二是指装束中各个单件服装之间的比例关系，如衣裙之间的长短比例、衣裤之间的空间比例等、肩宽与衣摆的宽度的比例，还有色彩、材料、装饰部分的分配面积比例等。

6. 呼应

就是指相同或相近的设计元素，或同一元素的某一部分在服装主体各部分之间出现两次以上，在视觉上产生相互关联、照应的效果。呼应在成套服装设计尤其是二次设计中的应用最为广泛，多以色彩、图案在非主体服饰上的出现为主。

元素在具体运用时必须要有全局观念，不能将之割裂开来单纯考虑单个元素的美感，必须明确服装最终所要呈现的风格和特征，协调好各元素和系统的关系，才能创造出和谐、富于美感的服装作品。

将服装分解到元素的状态进行分析，从以往偏重感性的设计方式中提炼出相对理性的设计方法和途径，可以更好地从细节上对服装进行整合，对于掌握服装风格起到了一定的辅助作用。设计元素在设计实践中遵循着一般设计共通的形式法则，可以从形态、质态、量态和结构上对其进行控制，在服装上用鲜明的视觉语言形成独具美感的构图。将服装设计化解为各级元素的重组和再造，对元素的组合规则的理解和应用可对具体的设计操作起到一定的指导作用。

第四节　服装设计与色彩的整体表达

服装是人类文明的象征。它作为人类蔽体的需要和审美的需求，在经历了由原始的遮羞到现代的美化这一长期、复杂的演化过程之后，服装存在的意义已有了质的飞跃。服装是造型、色彩、材质三者的综合体，其中色彩作为服装的载体，在整个服装发展过程中起到了不可忽视的作用。

在服装设计中，色彩所带给人们的联想也是最丰富的，同时色彩也赋予更多的思想感情和表现语言。服装色彩的合理运用既是服装设计师所追求的，又为服装设计注入了新的活力，为设计师提供了广阔的发展空间。

一、色彩与艺术的关系

色彩作为艺术语言在绘画中起着十分重要的作用，引起一代又一代艺术家的重视和特殊兴趣。浪漫主义画家德拉克洛瓦，作为彻底的色彩追求者，为了强调色彩不惜忽视线条的准确性，被安格尔称之为"艺坛上的魔鬼""色彩新纪元的开拓者"。印象主义确立了色彩"革命性的变化"。德加在《三个穿黄色衣裙的舞女》中，把光渗透在色彩的对比之中，把形渗透在色彩的流动之中，运用斑驳交错的色彩产生了恣意变幻的艺术魅力。莫奈抱着描绘光与色的明确目的，注重色彩语言特征而不是题材本身，他要使作品充满生命力，通过色彩表现生命的韵律。

中国古人的色彩观起源于五行学说。五色是我国传统艺术用色的基本准则。在中国，黑、白、赤、青、黄为正色。其中赤、青、黄正好是色彩的三原色。具有最强的精神特征，是最鲜艳的装饰色彩，它可以调配出任何其他的色彩。而黑白则是最好的调和色。如果对我国的工艺美术有所了解，我们会发现不管是民间美术中的年画、社火脸谱、剪纸用色，还是宫廷建筑中的雕梁画栋、戏剧脸谱、刺绣作品等，都爱用五色对比。五色具有与五行相对应的象征意义：东方青色主木、西方白色主金、南方赤色主火、北方黑色主水、中央黄色主土。在我国戏剧脸谱中，色彩又成了身份、性格的象征。有这样的传统口诀："红色忠勇白为奸，黑为刚直灰勇敢，黄色猛烈草莽蓝，绿是侠野粉老年，金银二色色泽亮，专画妖魔鬼神判。"这五种色彩并置，效果强烈，能让灰暗的房间四壁生辉，如果再配以金银两色，那更是金碧辉煌，它们形成了中国所特有的传统色彩。这种感受我们可从我国的寺院与宫廷建筑中去深刻体会。这种鲜明的色彩对比效果伴随着中国人的生活，给人们带来了无穷的欢乐与情趣。

二、服装与色彩的关系

纵观人类的服装历史，色彩所处的位置十分重要。中国古代，等级制度森严，受这种等级制度的影响，古代服饰文化作为社会物质和精神的重要内容，统治阶级把它当作区分贵贱、等级的工具，不同的服饰代表着一个人属于不同的社会阶层。这种等级性还具体表现在服装的色彩上，如孔子曾宣称"恶紫之夺朱也"（《论语·阳货》）因为朱是五色，紫是间色，他要人为地给正色和间色定各位，别尊卑，以巩固等级制度，历史上"白衣""苍头""皂隶""绯紫""黄袍""乌纱帽""红顶子"等等颜色都是在一定时期内附于某种服饰而获得了代表某种地位和身份的例子。在每个朝代几乎都有过对服饰颜色的相关规定。例如，《中国历代服饰》记载：秦汉巾帻色"庶民为黑、车夫为红、丧服为白，轿夫为黄，厨人为绿，官奴、农人为青。"唐贞观四年和上元元年曾两次下诏颁布服饰颜色和佩带的规定。在清朝，官服除以蟒数区分官位之外，对于黄色也有禁例。如皇太子用杏黄色，皇子用金黄色，而下属各王等官职不经赏赐是绝不能服黄的。

中国的民族服饰文化是以汉民族服装文化及众多少数民族服饰文化共同组成的。尽管我国民族众多，各民族都有自己的色彩崇拜，热爱生活、向往美好是各族人民共同的愿望和永恒的追求。除了汉族极为喜好传统的大红、金黄色之外，各少数民族服饰中多大胆应用鲜艳夺目、层次丰富的色彩，它不仅反映出少数民族服饰本身多样化的艺术趣味和审美追求，更反映出不同民族、不同时代及不同文化背景下的不同色彩理念。例如，土家族妇女的彩虹式花袖，由五节很宽的蓝、红、白、绿、黑或红、黄、绿、蓝、紫等布围成彩缎镶接而成，她们以彩虹为模式，并赋予其一定的象征意义，这是一种追求绚丽色彩的类型。白族妇女的服饰堪称色彩调配的艺术杰作。该民族青年女性的服饰，由头帕、上衣、领褂、围腰、长裤等几部分组成，以上衣为主色调，多为白色、嫩黄、湖蓝、浅绿等颜色，间以红色点缀。这是一种追求明快和谐色彩的类型。壮族服饰多以黑与蓝为主色；仡佬族则不论男女老幼，一年四季衣服均为黑、蓝两色，可谓崇尚黑与蓝的典范。

三、服装色彩的运用及整体表达

色彩是服装设计的重要因素之一。从事服装色彩设计，自然要熟悉色彩的性能和色彩的配色方法，掌握色彩的变化规律，在实践中不断提高服装色彩设计的构思能力、运用能力和表现能力。让色彩注入人的情感，变得更富生命力，使设计主题得到升华与表现。

服装配色有两种方法：一是先构思后选料，二是先有面料后构思。服装配色无论采用哪种方法，都离不开色彩的组合。一般来说一个系列服装使用的色彩不宜超过四种，在确定了主体色后，其余色彩应呈递减态势，具体的配色方式如下所述。

(一) 在冷、暖或中性色系中选择

此种配色无论是确定为冷调、暖调还是中性色调，只在这一色调中选择颜色，如确定为冷色时，可以是一个颜色从浅到深的渐变，也可以是在冷调中变化。如主调为蓝绿，可选湖蓝、钴蓝、深绿、碧绿、草绿、粉绿等组合，这是在配色中最容易把握的方式，并且效果良好。

(二) 选择对比色点缀

这种方法既可以起到强调焦点的作用，又可以造成活泼跳跃的效果。无论是冷色系还是暖色系都可以选择对比色进行点缀，但不宜多，以一两种色彩为好。如上面谈到的蓝绿色调，为使其更加醒目突出，可加一点柠檬黄或橘红在其中，会使作品有清爽中不失浓郁的味道，当然也就改变了原来作品的情调。

(三) 中性色

包括黑、白、灰 (含灰的所有彩色) 和棕色系。黑、白、灰是永恒的经典,无论怎样搭配都会使作品时尚而醒目。黑色还可以用来做所有色彩的衬托,尤其是用在色彩比较鲜丽的组合上,黑色可减其浮华张扬的感觉,起到调和与稳重的作用,灰及含灰的彩色在系列设计时既可以是灰色系本身的搭配 (通过明度或彩度的变化),也可用纯色点缀,或与黑白组合。当然,系列的整体应在统一的色调里。棕色系是一个优雅而温和的色系。这个色系的乳白、米色、驼色、土黄、土红、咖啡、赭石、熟褐等色彩,是在国际日常装中被广泛使用的,有"黄金色"之称。在配色上它与灰色系的配色近似,当棕色系自己组合时显得温暖庄重、随和深沉、优雅浪漫,配以一两种纯色加以点缀则会有非常别致的效果。

服装色彩是通过不同材质的面料体现出来的,因此色彩与面料材质是紧密相关的统一体。在进行服装配色设计时,掌握好色彩与面料材质的关系极为重要。同属一个色相的颜色,依附于不同的面料后,便产生了各具特性的色彩情感。如同是黑色,金丝绒、丝绸、软缎显得高贵富丽;而棉布、的确良和粗麻布只能给人朴素、冷漠的感觉。同是蓝色,薄如蝉翼的乔其纱飘忽轻柔;而厚重的大衣呢却显得端庄、稳重。因此,服装的配色不可脱离材料进行。设计师需对各种色彩和面料质感先有一个总的认识,然后在设计运用中将理论知识与实际感受及配色经验互相结合,以选择判断最佳的色感与质感的组合。

在服装色彩构思过程中,着装对象因素是构思中始终必须考虑的问题。服装色彩是用来装饰、美化人体的，同时着装者的形体、肤色、年龄、气质不同，又具有不同的个性特征，服装的色彩应因人而异。色彩运用中应针对不同着装对象的个性进行具体分析，以达到色彩的表现与人的个性互相谐调和统一，符合着装对象的个性需要。

自然界中拥有着丰富多彩、绚丽多姿的色彩变幻，如花草树木、飞禽走兽、青山碧水、晚霞秋枫、黄土高原、城市建筑等。服装设计师如果能够对它们进行细致的观察和体会，就会给设计构思带来启示，创造出所需要的色彩关系。著名日本服装设计师森英惠就从自然界的蝴蝶中得到启示，以蝴蝶为联想创造了色彩礼服，后来她以"蝴蝶"为标志所设计的服装，为伦敦、巴黎等地时装界所瞩目。为了能够将自然色彩为我所用，可以直接在大自然中有意识地观察、体验自然景物所呈现出的各种变幻的色彩现象，去有目的地选择、研究、寻找大自然中色彩美的形式，积累色彩的形象资料，丰富色彩的形象思维，并将大自然中的色彩通过认识和感情作用，进行联想和创作。

自然界创造了色彩，人类运用色彩改造着世界。设计师应学会准确地运用色彩语言来表现服装设计的主题。色彩的语言是世界性的，因为它抒发的情感是人类所共通的；同时它又是个体性的，因为它所表现的是每个不同设计师的不同情感。因而在进行服装设计中，设计师应该将色彩语言的世界性和个体性相互融合，也就是将色彩的共性和个性达到协调统一，才能为人类创作出既具有浓厚的文化底蕴又符合时尚气息的丰富多彩的服装作品，从而彰显出色彩语言的无穷魅力。

第四章　面料创意
——通过一块面料进行创意设计

第一节　面料的肌理

面料形态重塑主要是指服装材质的肌理设计，就是在原有面料和其他辅助材料的基础上，运用各种手段进行立体体面的重塑和改造，结合色彩、材质、空间、光影等因素，使原有的面料在形式、肌理或质感上都发生较大的甚至是质的变化，丰富其原有的面貌，并以新的、极自由的方式诠释时尚概念，拓宽了材料的使用范围与设计空间，这已成为现代服装设计师进行创作的重要手段。

我们虽然身处服装发展千变万化的时代，但有些服装款式不过是抄袭历史，服装本身的创新似乎已经穷途末路，但拨开笼罩在时装上的谜团，我们仍会发现，在现代时装设计领域，一件成功的作品除了款式造型、服饰色彩外，面料的运用和处理越来越突显出它的重要性。早在20世纪七八十年代，西方和日本的设计师就把后现代艺术和解构主义的观念融入材质的创新中，使服装艺术发生了革命性的变化，一些惊世骇俗的、另类的设计不断冲击着大众的眼球。在国内的设计作品中，我们也经常看到一些生涩的模仿，但深入研究不难发现，服装面料的形态重塑和表现，需要建立在设计师对各种面料的物理和化学性能的充分理解上，并能结合传统的或现代的工艺手段改变其原有的形态，以产生新的肌理和视觉效果。面料形态设计不仅是材料风格的再现，还是服装设计师观念的传达、个性风格的表现。目前，材料设计学已经成为服装设计学的一门全新的分支领域。服装面料的形态美感主要体现在材料的肌理上，肌理是通过触摸感觉给予的不同的心理感受，如粗糙与光滑，软与硬，轻与重等，肌理的视觉效果不仅能丰富面料的形态表情，而且具有动态的、创造性的表现主义的审美特点。因此，从服装面料肌理的运用和表现上，可以直接看到设计师的观念表达是否准确到位。

一、服装面料形态重塑的思维方法和构成形式

(一) 服装面料形态重塑的构思方法

面料形态设计首先要围绕服装整体风格的需要来确定主题和进行构思，才能达到设计与面料内在品质的协调统一。灵感是艺术的灵魂，是设计师创造思维的一个重要过程，也是完成一个成功设计的基础，但是灵感并非唾手可得，需要设计师有良好的艺术表现能力和专业实践基础。同时，灵感的来源也是多方面的。例如，大自然中的各种生物和自然现象：水或沙漠的波纹、植物的形态和色彩、粗犷的岩石和斑驳的墙壁等。

面料形态设计作为视觉艺术，与现代绘画、建筑、摄影、音乐、戏剧、电影等其他艺术形式都是相互借鉴和融合

的，如建筑中的结构与空间，音乐中的韵律与节奏，现代艺术中的线条与色彩，甚至于触觉中的质地与肌理，都可能令我们产生灵感而运用到材质的设计中。尤其是不同民族文化的服饰对材料设计的影响，如西方服饰中的皱褶、切口、堆积、蕾丝花边等立体形式的材质造型；东方传统中的刺绣、盘、结、镶、滚等工艺形式；非洲与印第安土著民族的草编、羽毛、毛皮等，都成为设计师进行材质设计时所钟爱的灵感源泉。

高科技的迅速发展也为面料形态设计和加工提供了必要的条件和手段，使设计师的灵感和创作有可能变成现实，同时促进了纺织制造业的进步和新产品的开发。设计师从各种资料、信息和事务中收集到的具有可取性的灵感，并结合时代精神和时装流行动态，从创作和设计的角度对各方面的灵感进行深入的取舍和重组，从中找出最适合的设计方案。现代设计师们把大量的精力都花费在找寻新材料、新技术和进行新的工艺试验当中，期望能突破服装的固有模式，开创崭新的服饰文化和穿着方式。

（二）服装面料形态重塑的构成形式

形态模拟的构成：模拟自然形态，如珊瑚贝壳、植物花卉等有着天然的色泽、质感和造型等元素作为设计灵感的来源，运用具象或抽象的手法，表现，根据自然形态的特征加以重塑。所谓的具象构成手法就是用面料完全模拟自然的质地、形态和色彩进行加工；抽象构成手法，就是指从具象形态中提炼出的相对典型的形态加以设计，从中把握面料的体

积、量感，对各种形态造型进行"简化"，采用抽象的符号图
形表现面料的立体形态，掌握基本点、线、面元素构成的原
理，就可以对此方法驾轻就熟。

形态空间层次的构成：将面料以同一元素为单位，以不
同的规律加以重构产生变形，如把相同或不同的元素加以组
合，产生丰富的立体形态。所谓元素的空间感，就是以元素
的多层次组合形成面，面的多层次组合形成空间，产生虚实
对比，起伏呼应，错落有致的空间层次。

形态多元化的构成：将相同元素以不同面积、不同疏密
结合面料的质地，或粗糙光滑，或凸凹有致的变化，产生不
同视觉效果，形成丰富的肌理对比；将不同特征的元素，以
不同的形态特点和规律整体组合，运用错视的方法或创作新
的单元组合，使面料形态产生不同的纹样肌理及视觉效果的
变化。

二、服装面料形态重塑的手段和方法

工艺制作与设计理念的表现是服装面料形态设计的重要
环节，一件优秀的面料重塑作品，不仅要构思独特，在表现
形式和制作上更需完美精致；除此之外，设计师对面料的了
解和选择，以及与加工技艺的协调运用能力，也是能否正确
表达设计主题风格的关键所在。

面料形态设计的重塑是设计师对现有的面料人为地进行
再创造和加工的过程，使面料外观产生新的肌理效果及丰富
的层次感。面料的风格会直接影响到服装设计的艺术风格，
不同质感的面料给人以不同的印象和美感，把握面料的内在

特性，以最完美的形式展现其特征，从而达到面料形态设计
与内在品质的完美统一。

面料形态设计常用的方法有以下几种。

(一)面料形态的立体设计

利用传统手工或平缝机等设备对各种面料进行缝制加工，
也可运用物理和化学的手段改变面料原有的形态，形成立体
的或浮雕般的肌理效果。一般所采用的方法是：堆积、抽褶、
层叠、凹凸、褶裥、褶皱等，多数是在服装局部设计中采用
这些表现方法，也有用于整块面料的。

总之，在采用这些方法的时候，选择什么样的材料，用
何种加工手段，如何结合其他材料产生对比效果，以达到意
想不到的境界，是对设计师创意和实践能力的挑战。

(二)面料形态的增型设计

一般是用单一的或两种以上的材质在现有面料的基础
上进行黏合、热压、车缝、补、挂、绣等工艺手段形成的立
体的、多层次的设计效果。例如，点缀各种珠子、亮片、贴
花、盘绣、绒绣、刺绣、纳缝、金属铆钉、透叠等多种材料的
组合。

(三)面料形态的减型设计

按设计构思对现有的面料进行破坏，如镂空、烧花、烂
花、抽丝、剪切、磨砂等，形成错落有致、亦实亦虚的效果。

(四)面料形态的钩编设计

各种各样的纤维和钩编技巧，随着编织服装的再度流行

已日益成为时尚生活的焦点，以不同质感的线、绳、皮条、带、装饰花边，用钩织或编结等手段，组合成各种极富创意的作品，形成凸凹、交错、连续、对比的视觉效果。

(五) 面料形态的综合设计

在进行面料形态设计时往往采用多种加工手段，如剪切和叠加、绣花和镂空等同时运用的情况，灵活地运用综合设计的表现方法会使面料的表情更丰富，创造出别有洞天的肌理和视觉效果。

三、面料形态设计在服装中的运用

由于快速发展的服装领域竞争十分激烈，每个设计师都追求独特的个性风格，以期立于不败之地。过去片面强调造型选材的方法已逐渐失去市场，取而代之的是以面料形态变异来开创个性化的服装设计，由此可以看出现代服装设计的理念已与面料形态设计完全融合在一起。

面料的形态重塑要以服装为中心，以各种面料质地的风格为依据，融入设计师的观念和表现手法，将面料的潜在性能和自身的材质风格发挥到最佳状态，使面料风格与表现形式融为一体，形成统一的设计风格。面料形态与服装设计之间的协调性是服装设计中至关重要的环节，服装面料不仅是服装造型的物质基础，同时也是造型艺术重要的表现形式，如简洁的款式造型可以与立体感和肌理突出的面料结合在一起，以展现其强烈的视觉冲击力，而单纯、细腻的材质可以使用夸张多变的造型，若两者配合不当，所表现的视觉效果就无主次和个性而言，无法达到在形式和风格上的统一。因此，面料形态重塑与服装的造型、色彩间相互搭配的关系，已成为贯穿现代服装设计过程中的主要表现手段。

服装本身是一门永恒变化的艺术，其演变的速度几乎与高科技发展更新的速度相媲美。科技对服装的影响，主要表现在面料的开发运用上，艺术与技术前所未有地结合在一起。现代的服装设计与面料设计已融为一体，以焕然一新的设计理念和形式展现于世，完美的设计一定要有好的面料形态加以配合和表现，这已经成为现代服装设计师共同的理念。

第二节　面料的搭配组合

色彩是人和服装之间的第一媒介，服装的色彩来源于面料的色彩，在服装设计中，对面料色彩的选择和不同色彩面料的搭配是设计师首先考虑的。mix&match，翻译成中文就是混搭，最早时候是由时尚界提出的，就是将不同风格、不同材质、不同身价的东西按照个人品味搭配在一起。mix&match代表了一种服装新时尚，你可以发挥创意，尝试将各种以往不可能出现在一起的风格、材质、色彩等时装元素搭配在一起。

服装设计属于工艺美术范畴，是追求实用性和艺术性完美结合的一种艺术形式。服装设计的定义就是解决人们穿着生活体系中诸问题的富有创造性的计划及创作行为，首先涉及的是色彩图案。一般当服装的材质达到一定的舒适度时，人们又会追求面料设计、花纹图案更新颖独特，富有内涵。

人类身处于一个彩色的世界，人们对服装色彩的偏爱与感受，与他们所处的自然环境有着密切的联系。色彩是人和服装之间的第一媒介，服装的色彩来源于面料的色彩，在服装设计中，对面料色彩的选择和不同色彩面料的搭配是设计师首先考虑的。其二是款式造型，服装的款式造型是构成服饰的主题。款式造型设计是服装设计重要元素之一，准确把握设计的款式造型是结构设计的第一步。无论何种裁剪方式，结构设计都必须在款式造型设计后进行。人体、服装款式造型，这是结构设计的根本依据。服装的款式造型设计要符合人体的形态以及运动时人体变化的需要，通过对人体的创意性设计使服装别具风格。服装设计也就是运用美的形式法则有机地组合点、线、面、体，形成完美造型款式的过程。其三是服饰的材质，服装以面料制作而成，面料就是用来制作服装的材料。作为服装三要素之一，面料不仅可以诠释服装的风格和特性，而且直接左右着服装的色彩、款式造型的表现效果，是构成服装形象的重要因素。面料的特性不容忽视，随着物质文化和精神文明的提高，人们的审美需求发生了较大的变化，对于服装的追求已不仅仅满足于颜色的丰富多彩和款式的变化万千，人们希望服装在带来美的愉悦的同时，也能带来健康的享受。

一、服装面料介绍

服装以面料制作而成，面料就是用来制作服装的材料。在服装大世界里，服装的面料五花八门，日新月异。但是从总体上来讲，优质、高档的面料，大都具有穿着舒适、吸汗透气、悬垂挺括、视觉高贵、触觉柔美等几个方面的特点。不同类型的面料搭配在一起可以表现出多种不同的效果（如图4-1）。

图 4-1　面料搭配

（一）面料的类型

1. 柔软型面料

柔软型面料一般较为轻薄、悬垂感好，造型线条光滑，服装轮廓自然舒展。

2. 挺爽型面料

挺爽型面料线条清晰有体量感，能形成丰满的服装轮廓。

3. 光泽型面料

光泽型面料表面光滑并能反射出亮光，有熠熠生辉之感。

4. 厚重型面料

厚重型面料厚实挺括，能产生稳定的造型效果。

5. 透明型面料

透明型面料质地轻薄而通透，具有优雅而神秘的艺术效果。

(二) 常见的服装面料分类

1. 棉布

棉布是各类棉纺织品的总称。它多用来制作时装、休闲装、内衣和衬衫。

2. 麻布

麻布是以亚麻、苎麻、黄麻、剑麻、蕉麻等各种麻类植物纤维制成的一种布料。一般被用来制作休闲装、工作装，目前也多用其制作普通的夏装。

3. 丝绸

丝绸是以蚕丝为原料纺织而成的各种丝织物的统称。与棉布一样，它的品种很多，个性各异。它可被用来制作各种服装，尤其适合用来制作女士服装。

4. 呢绒

呢绒又叫毛料，它是对用各类羊毛、羊绒织成的织物的泛称。它通常适用于制作礼服、西装、大衣等正规、高档的服装。

5. 皮革

皮革是经过鞣制而成的动物毛皮面料。它多用以制作时装、冬装。

6. 化纤

化纤它是化学纤维的简称。它是利用高分子化合物为原料制作而成的纤维的纺织品。

7. 混纺

混纺是将天然纤维与化学纤维按照一定的比例，混合纺织而成的织物，可用来制作各种服装。

服装面料设计搭配和服装设计的关系说到底，其实是演绎了一种人们对美的向往与追求，它的发展过程离不开民族、政治、宗教、文化、艺术等诸多因素的影响，它以面料与服装为载体，表达了人们的一种精神劳动与艺术创造。它源于生活，又高于生活，尤其是服装，它不仅具有御寒防暑的功能，而且还有美化人民生活的作用。随着人类科技与文明的发展进步，服装早已超越传统意义上的保暖、遮体等功能。人们对服装的消费需求呈现出多层次、多样化、时尚化、个性化、环保功能化的特点。一个国家，一个民族的物质文明和精神文明的高下之别、文野之分，通过服装便可窥见一斑。

二、面料混搭在服装设计中的效果

mix&match，翻译成中文就是混搭，最早时候是由时尚界提出的，就是将不同风格、不同材质、不同身价的东西按照个人品位搭配在一起。混搭的概念已经不新了，但是它却奇迹般的被时尚一直宠爱，mix&match 的感觉让每一个人都可以随自己的喜爱 mix&match，风格端庄文雅的上半身，可以配搭充满动感与活力的下半身；古朴的上衣，也可以配搭动感十足的裙子。mix&match 代表了一种服装新时尚，你可以发挥创意，尝试将各种以往不可能出现在一起的风格、材质、色彩等时装元素搭配在一起。

混搭并不等于乱搭，混搭时应当让每一件单品以及配饰有内在的对比联系，比如曲线条的褶皱裙与直线条的中性小西装的混搭，造成一种曲与直的对比，而白色与黑色，红色与绿色的撞色混搭，更能体现出色彩给人的冲击力。一般来说，混搭有几种方式，可根据撞色、面料、线条感以及风格这四种类型来进行混搭。

（一）撞色混搭

将最不可能的颜色混搭在一起有时候反而会产生不一样的视觉效果，原则是采用对比强烈、纯度相当的色彩，还要切忌用太多的颜色。由于颜色给人的感觉已是非常抢眼，因此撞色混搭时要注意把握一个基本原则，就是在统一风格的基础上进行撞色，这意味着所挑选的服装单品在风格上要一致，否则会给人眼花缭乱的感觉。

（二）面料混搭

将最柔软的面料和最硬挺的面料搭配，反而可以突出各种面料本身的材质特色。但面料混搭要注意了解每一种面料的季节特征，比如混羊毛的厚呢质料若与雪纺搭配在一起，虽然秉承了爽滑面料的搭配精神，但是却会造成季节错乱的感觉。

(三) 线条混搭

将曲线条与直线条的服装单品搭配在一起，能够起到丰富视觉的效果，比如圆形的荷叶边和公主领与直线条的直筒裙，西装式的上衣与层层叠叠的民族风长裙的搭配均颇有趣味。这种曲直对比方式是真正实用的混搭方式，适合各种脸形和身材的人们穿着。

(四) 风格混搭

将各种风格混搭是最无章法可循的混搭方式，你大可以发挥任何创意，将衣柜中任何风格的单品翻出来进行重新排列组合。这需要搭配者有很敏锐的时尚感触，准确把握各种单品的特征，并综合考虑色彩、面料、款型等各种因素。

不同面料的拼接混搭，凸起的条纹设计，色彩与光线的巧妙变化，均脱离了矫揉造作的风格，一些更加原始粗犷的材质都强调了一个特点——大胆和创新（如图4-2）。推崇妙笔生花、精雕细琢的"慢设计"；轻柔飘逸遭遇活泼动感；创新出奇碰撞经典质朴……所有元素都体现一种全新的潮流逻辑，这种理念介乎于非物质的虚无和高度保护性之间。"绿色"概念，对户外自然的热爱使得时尚界对于保护环境的责任感日益高涨。在这里，熟知的和概念的、过去的和现在的全部熔于一炉。

图 4-2　面料混搭

　　从某种意义上讲，服装设计的出路在于面料。确实，作为服装构成的三大要素之一，面料无疑构成服装的本质特征，而且面料的时尚与否，搭配是否有创意带给人的视觉印象是最深的。

第三节　服装面料的设计应用

一、服装与材料的关系

　　服装设计的变化与突破很大程度上得益于服装材料科技含量的增加和外观样式的更新。对于服装的设计，最根本的是材料如何运用。所谓的分割、线条、色彩、布局都是依附在具体的材料质感上加以体现的，抛开特定的材料肌理来谈论设计或者做设计，都是难以想象和实现的。

二、材料再创造的意义

人类有追求美的天性，从古至今，不论是东方还是西方，当材料无法满足人们的审美需求时，人们就对它进行装饰与再创造，因此出现了刺绣、印染、褶裥、镶拼等丰富的材料再创造手段。在今天，由于审美观念的变化和思维方式的开放，使人们对服装材料的审美艺术性和个性提出了更高的要求。

在这种需求之下，服装设计者也从自发的对材料的再创造变成自觉地在设计中对材料进行艺术化的处理，从最终设计服装的需要出发，自己动手再创造面料，对已生产的材料进行二次设计。这种对材料的重新改观和组合，可以使设计师摆脱材料的局限，发挥更大的创新性，同时也可以使服装有更高的艺术审美价值，并由此带来服装经济附加值的提高。另一方面，材料再创造对纺织品的生产也有一定的引导作用。材料再创造的手段和外观可以成为纺织品设计的灵感源泉；材料再创造通常是实验性手工完成的，但是一旦在技术上得以改进，就可以工业化批量生产，从而达到市场化的创造初衷。

三、材料再创造的基本途径

曾有人说，新与奇是时装设计的生命。材料再创造作为服装艺术创造活动中的一种，是以追求强烈的视觉冲击力、

震撼力、别开生面的印象为特征的，而这种特征的基础就是
"新颖"。如果是对前人或他人创造的重复，即便有再丰富的
美感因素、再强烈的视觉肌理，也会因为似曾相识不能给受
众以深刻的印象，材料再创造也就失去了存在的意义。因此
在某种意义上，可以说"新颖"是材料再创造的灵魂所在。

总的来说，可以通过以下两个主要途径使服装的材料再
创造达到新颖的效果。

(一) 通过创造新的方式方法来获得全新的外观肌理

新的材料再创造方法是与科学技术的发展密不可分的。
每种新技术的发明都会带来一些新的材料再创造的方法。尤
其是20世纪后期，现代高科技为材料再创造提供了更多新武
器，产生了各种新型的创造途径：利用激光和超声波可以对
材料切割、蚀刻、雕刻和焊接；利用化学药品可以使表面呈
现出灼伤效果；压褶的技术可以制造出任何不规则的褶皱图
案；裘皮也可以是镂空蕾丝状，数码印花能让古典名画瞬间
呈现在服装上的材料再创造有了技术的保障，就可以使高成
本的服装具有从舞台走向大众的可能，因而符合服装民主化
的大趋势，具有广阔的发展前景。

(二) 对已经创造出的方式方法进行革新以产生新的视觉或触觉效果

研究已经被前人创造出来的方式方法和肌理效果，对其
中的某些元素加以改进，是另一种创新的途径，也是应用更
为广泛的途径。从某种意义上来说，设计是一个从旧的主题
中发掘新的概念的行为。在前人或他人积累的经验上加以改

进，就如同站在巨人的肩膀上，能够更加容易地获得新颖的效果。具体来说又可以分为以下三种途径。

1.对方式方法进行部分改变

对已经创造出来的方式方法进行部分调整或改动，有时甚至只是很小的变化，也能够产生非常新颖的效果。例如，在激光裁剪技术出现以后，激光镂空不再是一种新鲜的方法，但是设计师卡罗斯·米勒（Carols Miller）却别出心裁地将在镂空时要切割掉的面料局部连在服装上，如飘飘欲坠的树叶，给人留下深刻的印象。再比如，一般的抽纱通常是将经纬纱抽掉，形成矩形的通透效果，但是如果按照不规则图案进行抽纱就会显得与众不同了。

2.改变再创造所使用的材料

这种途径是通过打破常规的用料习惯而获得新颖的效果。比如，刺绣常常与华丽高贵联系在一起，一般使用在光滑柔美的材料如丝绸上，如果用在粗犷的牛仔服装、粗纺织物或表面起毛的材料上则会形成强烈的对比，产生非常新颖的效果。再如，通常使用在纺织材料上的方法如补花、扎染、压褶等，如果使用在皮革材料上也能获得一种新的审美感受。

3.结合新的审美观念

审美观念会随着时代的变化或民族、地域的不同而发生改变。将在传统的或民族审美观念下产生的创造手法结合现代新的审美观念进行变化的使用，也是一种达到新颖效果的有效途径。例如，将富有民族色彩的扎染用在T恤上，或者将少数民族常用的色彩艳丽的条状拼接银泡用在现代成衣上，都能产生一种意想不到的效果。

四、材料再创造的历史

要想对已经存在的材料再创造方式方法进行革新，创造出新的视觉或触觉效果，就需要对历史上已有的各种方法和效果有充分的研究，作为创造素材的积累。翻开人类历史，人类服装演变的历史也正是服装材料发展和再创造的历史，从石器时代的兽皮树叶，到陶器时代的麻纤维；从青铜时代的丝织物，到大工业时代的尼龙塑料；一直发展到今天丰富多彩的综合性面料时代，每一次新材料的发现和再创造方法的发明应用，无不体现了各个时代的文明进程和科技进步，同时也为人类服装增加了新的内涵和艺术魅力。

(一) 公元前的亚非

在古埃及早期，人们将亚麻布包缠在腰上形成造型简陋的服装。当时有地位的人和国王则通过穿着压有褶裥的布料包缠的服装显示身份和地位。繁多的褶皱所形成的丰富立体层次和明暗效果，是构成埃及服饰魅力的主要手段。当时女子的服装中还有一种长袍，上面覆盖着交错拼界的皮革。

古代苏美尔人的裙子上面常交叉覆盖有层层叠叠的毛皮或者长毛，具有很强的装饰性。亚非时期流行在服装的衣袖边缘加以刺绣装饰，国王的服饰上还镶嵌了珠宝和羽毛。古代波斯时期盛行在面料上加以补花。印度最迟在公元前后就已经产生了蜡染和扎经纬染色。

这些现象表明在人类社会的早期，不论是东方还是西方，当服装的造型还在缓慢地演变中时，人类强烈的审美需求就已经驱使他们对材料进行各种再次加工创造，以获得丰富的装饰效果。

(二) 中世纪的欧洲

欧洲的中世纪被称为黑暗的时代，然而宗教的统治压抑不了人们对美的追求。随着商业的发展，出现了各种对材料加工再造的手工业行会，如印染、刺绣的专门作坊，极大地保证和推动了材料再创造技术的发展。此时的刺绣工艺日益精湛，常常在刺绣中加金银线和大量的宝石。用骆驼毛编织成的方格纹理的长袍也十分有特点。

(三) 文艺复兴时的欧洲

文艺复兴时期，欧洲各国盛行的材料再创造方法名为切口(Slash)，就是将外层衣服的面料有规律地切破或切成图案，露出内衣或衬料，使两种不同质地、光感和色彩的面料交相辉映\互为衬补，并且在活动时隐现。切口的形式变化也很多，有的切口很长，用在袖子和短裤上；有的切口很小，密密麻麻排列在裙子上，组成有规律的图案；还有的在切口两端镶嵌着珠宝，熠熠生辉。另一种文艺复兴时期典型的材料再创造服饰是皱领(Ruff)。这种通过将面料压褶折叠而成的领子也是服装史上独一无二的。此时人们刚从封建禁欲的枷锁中解放出来，开始对美的大胆追求，在服装上表现为敢于尝试各种新奇的装饰手法，使一直以来以附加装饰为主的材料再创造手法又有了新的突破。

(四) 近代欧洲

17、18世纪的欧洲，巴洛克(Baroque)和洛可可(Rococo)艺术风格极大地影响了服装。当时的贵族们喜欢在服装材料上加入大量的装饰，包括使用豪华的刺绣、加入金银线、层层叠叠的褶皱、将绸缎裁成窄条做的花结或饰带圈堆积在服装上。总之，在材料上加入了所有能使服装更华丽的装饰。

华贵和繁缛细腻的审美趣味的产物，也是封建王朝没落时期在服装的奢华中寻求一种心理的安慰。但是其中创造的各种表现手法和精湛的技术为后来的服装材料再创造，尤其是为高级时装（Haute Couture）领域中的设计提供了很多借鉴和参考。

（五）近现代的欧洲

18世纪欧洲工业革命的巨大影响和资本主义的兴盛使欧洲各国的纺织工业以空前的规模和速度发展。它所带来的社会阶层的变化和生活方式的改变使人们对服装的审美观发生了极大的改变。合成纤维和纺织技术的发展让服装不再是贵族享有的特权，服装不再成为显示地位和金钱的有效手段，但服务于上层社会的装饰艺术运动提倡的新材料的使用和装饰风格对上层权贵的服装仍有一定的影响。20世纪二三十年代的著名女性服装设计师马德兰·维奥耐特（Madeleine Vionnet）不仅创立了斜裁，更是在材料的再创造上有很大的创新。她将面料捏出柔和规则的褶皱，呈现立体的效果，或是将面料裁剪成条进行编织和拼缝，使服装在简单的外形上还有更多丰富的肌理可以玩味。她是以材料再创造为突破口，进行大胆的尝试的一位设计师，加上裁剪方法的独到造诣，使她成为20世纪初杰出的设计师而载入史册，她的设计思路和方法对现代著名的设计师三宅一生有很大的影响。

20世纪的后半叶，国际时装界的兴趣又开始向材料转移。这一方面是由于造型的变化有穷尽的趋势，另一方面也是由于科学技术的发展给材料的再创造提供了更多可能性。如20世纪60年代，法国设计师皮尔·卡丹（Pierre Cardine）利用真空铸造技术使服装材料呈现三维立体的效果。

（六）中国材料再创造的历史

中国服装历史悠久，对材料进行再创造也有长久的历史，并积累了丰富手法。宋朝时期，妇女喜欢穿褙裙；明朝流行一种用各色织锦拼缝而成十分别致的水田衣，清代的织绣品巧夺天工，繁缛细腻，衣袖等边缘精细的十八镶滚令人叹为观止。中国众多的少数民族也极擅长对材料进行再创造，如苗族喜欢在服装的衣袖和下摆边缘拼贴各色鲜艳的布条，将裙摆边缘进行蜡染，压出细密褶裥；侗族的盛装刺绣精细华美；壮族喜欢在服装上装饰银牌、银泡……中国传统服装中较多地使用附加装饰型的材料再创造，这也与中国的传统审美观念息息相关。

五、材料再创造的典型方法

材料再创造能产生千变万化的肌理效果，一方面是由于材料本身的品种越来越丰富，另一方面，技术的发展和人类追求创新的精神也促使新的方式方法不断产生，两者相结合就带来了材料再创造无限变化的可能性。但是在这些变化之中也是有规律可循的，很多材料再创造的基本加工制作原理是相同或者相似的，其中，典型且常用的方法可以归纳为：褶皱、刺绣、印染、编织、拼接等。了解和掌握这些最本质的东西，是发挥想象力进行再创造的基础。

（一）褶皱

褶皱是一种很常用的服装材料再创造的方法，它通过面料的变形起皱，使二维平面的材料变得立体。同时由立体感带来的光影的变化能产生如浮雕般的肌理效果，与服装一贯采用的平面材料产生鲜明的视觉对比，并随人体的运动富有变化性。根据制作手法可以将褶裥分成压褶、捏褶、缝褶、抽褶、四类。

1. 压褶

早期对材料进行的压褶处理，如古代埃及的腰衣、文艺复兴时期的皱领以及中国少数民族的百褶裙等，都是天然材料如棉布或者亚麻布制作而成的，一般需要上浆，再压褶定型。因为自然纤维有自然回复性，褶裥不具有良好的保形性，更不易洗涤。所以直到化学纤维产生之前，压褶在服装中的应用都不是特别广泛。而利用化学纤维的热塑性，将材料在极热的条件下压褶变形，然后冷却定型，就能保持永久的褶裥的状态。压褶可以通过手工或者专门的压褶机器完成。手工压褶的制作方法是将染色后的面料夹在两层厚纸之间，然后折叠成事先决定的图案，通过蒸汽熨烫定型。手工压褶的变化丰富，但是要耗费更多的时间。工业压褶更快速，但变化要相对少一些。

三宅一生的褶裥服装是采用的工业压褶，服装首先被裁剪和缝合成超大的平面形式，然后被夹在两层纸中间，通过

第四章 面料创意——通过一块面料进行创意设计

压褶机器压缩成正常的尺寸，再用工业"火炉"高温定型。压褶根据效果又可以分为条形褶裥、菱形褶裥，花纹图案褶裥和不规则褶裥。通过改变褶裥的间隔宽度、疏密变化以及图案可以创造丰富的肌理形式。

压褶最大的特点是压褶之后面料有很好的弹性，穿着时能贴合人体，但又丝毫不妨碍运动，在起到装饰作用的同时具备了良好的功能性。

2. 捏褶和缝褶

捏褶是一种将面料上的点按一定规律联结起来，利用面料本身的张力使点与点之间的面料自然呈现起伏的效果的材料再创造的方法（如图4-3）。通过点的位臵变化和联结方式的不同能产生有规律或者随意的立体图案。20世纪初服装设计师维奥耐特就已经尝试将捏褶应用到服装中。

缝褶是将面料叠成褶裥后通过缝线固定。它通常应用在服装的边缘，形成起伏的荷叶边，或者通过层层叠叠地堆积形成饱满的肌理。

图 4-3　捏皱

3. 抽褶

抽褶是用线、松紧带或者绳子将面料抽缩，产生自然、不规则的褶裥。抽褶也有悠久的历史，维多利亚时期的女子的服装就在领和袖上抽褶，产生饱满蓬松的效果。单独的或者间隔宽的抽褶可以用在领口、袖口、下摆、上衣或裙子的侧缝处，产生一紧一松的疏密节奏变化。间隔紧密的抽褶可以较大面积地使用在服装中。

(二) 刺绣

刺绣是一种非常传统的材料装饰手法。据记载从新石器时代遗留的织物痕迹中就发现了简单的刺绣。刺绣在西方和中国都有悠久的历史，尤其是在中国。中国古代服装具有平面、整体的特点，给刺绣装饰提供了极大的空间，经过数千年的发展，不论宫廷刺绣还是民间民族的刺绣都堪称举世无双。随着现代机器绣花、电脑绣花的产生，传统的刺绣得到了继承和发展，风格从精致、豪华到随意、质朴，或者残破，以适应不同的审美趣味。

1. 传统刺绣

传统刺绣的种类十分丰富，针法更是不胜枚举。典型的代表有平绣、雕绣、挑绣、补花绣、绗缝和盘带。平绣是在面料上加浮线，有凸浮效果；雕绣是雕去纹样部分的底布，产生通透的效果。雕绣和平绣常常一起使用，增强和丰富面料的层次感。挑绣又称十字绣，以十字交叉针法形成图案，属于京绣。雕绣、平绣和挑绣都实现了机器化，大大节省了劳动力和时间。在现代服装设计中多用于局部点缀。为了获得异于传统的新颖效果，将其用在风格迥异的底布上，如用在牛仔裤、厚实的呢子外衣或者皮革服装上，精致细腻的刺绣与现代感很强的服装容易产生一种强烈的视觉冲击力。

补花是将各种材料剪出所需图案，再对花片的经纬毛边进行拨花处理以增加牢度，然后绣到底布上的一种刺绣方式。现代服装中常做单独纹样装饰，此外还发展出一种新的应用方式，只将补片的中心固定，周边随意张开，富有动感。绗缝是指将棉絮、粮食谷物或者纸垫在面料和里料之间，再绣出图形的刺绣方式。绗缝常用在棉服和羽绒服装中，起到固定和装饰的作用。绗缝的图案从有规律的条、格、同心圆到现代各种任意曲线和图案，变化十分丰富。

盘带是利用带子不同方向的盘、转、穿、叠等构成图案的变化，再用线连接固定，构成镂空或不镂空的图形。在时装中可以根据人体进行盘转，形成贴合人体的服装。

2. 特殊材料刺绣

特殊材料的刺绣指用非丝线材料进行的刺绣。其实在传统的刺绣中就已经有特殊材料的运用，如清代皇家服装的刺绣中就加入金银线，欧洲17、18世纪的服装喜欢在刺绣中加上宝石，目的都是产生一种金碧辉煌的气势。现代服装设计中用金属线、珍珠、亮片、珠管、形态各异的天然或人工石头、羽毛进行刺绣，常用在礼服和舞台表演服装上，产生闪亮绚丽的效果；还可以用粗线、毛线、缎带、布条甚至麻绳在结构较疏松的材料上刺绣，图案简单，刺绣手法随意，但往往产生更强烈的艺术感。

3. 抽纱

"抽纱"一词原是指在面料上将经纱或纬纱抽去，再加针工绣制，固定经纬纱，使面料形成新的艺术效果。工业上的抽纱是在鸦片战争时期由西方传入中国的刺绣品种，主要是加工抽纱的台布和床上用品。在服装中，抽纱的应用与原意要更接近一些，指抽去经纬纱，形成透明或半透明的效果，或者在边缘抽去一个方向的纱线，形成流苏。抽出的纱线不用隐藏和固定，而是自然散落或是修剪成图案；抽纱的形状也不局限于方格或者长条，可以是任何形状。设计师麦苏·威廉逊（Matthew Williamson）曾经发布的一件亚麻裙子，前侧和下摆抽出长长的相互纠结的流苏，衣身上加以闪亮的珠绣点缀，强烈的对比中产生华丽而落魄的美感。抽纱后经过化学处理可以让毛边不易脱散，意大利纺织品设计师路易莎·塞万斯（Luisa Cevese）将领带和围巾裁剪下来的废弃布条抽纱，然后浸泡在聚氨基甲酸酯里，使它们更耐用，而且可以洗涤。用这些布条做成的时装包可以进行大批量生产，销往世界各地。

（三）编织

编织从制作方法上来讲是一种非常古老的技术，在纺织服装未出现之前，原始人类就已经开始用树枝、藤条进行简单的编织后披挂在身上（如图4-4）。北美洲的印第安人、墨西哥人及南美洲的秘鲁、危地马拉、安第斯山脉等地区，早就有原始的编织工艺存在。从1919年德国包毫斯（Bauhuas）将编织纳入学习课程，编织工艺正式进入学院教育，为编织工艺融入现代工业生产奠定了基础。

图4-4 编织

然而，当编织成为纺织品生产的一个中间环节后，工业大批量生产使得编织变得标准化，而普遍地将材质美通过后整理过程完成，极大削弱了编织本身的结构和肌理的艺术美感。于是现代服装设计从另一角度入手，把编织作为一种材料再创造的方法，通过放大编织的结构和肌理的美感，使它有别于传统服装纺织品的编织，呈现出一种新的外观效果。

将编织作为再创造的方式，不受机器的限制，一方面可以更广泛地使用材料，从纱线、毛线、缎带到皮绳、布条、管子等各种软性线状材料；另一方面，在编织的过程中还可以根据需要故意使用脱线、露线头、抽线圈等手法，使编织的效果更加新颖丰富。

瓦伦迪诺（Valentino）就曾用皮革条编织出具有针织纹理的上衣；让保罗·加尔帝尔（Paul Gal Tier）2012年发布了一件完全用手工编织的红色的礼服，将雪纺面料聚集成条形，从上到下进行编织，间隔逐渐放大，形成一件非常独特的编织服装；意大利品牌米索尼（Missoni）以针织服装著称，成功地将艺术性的编织工业化，她的针织服装经常采用数十种色彩编织出丰富的图案，有些服装还在编织过程中结合抽线圈处理，使服装具有独特魅力的同时又不乏保暖的功能性，获得很好的市场。

（四）印染

印染几乎是人类最早出现的材料加工改造工艺。旧石器时代中国的山顶洞人和欧洲的克罗马农人就已经使用矿物原料着色，新石器时代开始有了原始的手绘花纹。印染机械化进程较慢，因此几千年来人类对材料的印染加工一直是小规模的手工印染形式，并且积累了丰富的技术方法和优美的效果。英国人 T. 贝尔（T.Bell）成功地研制了滚筒印花机，使印花生产达到连续化。技术的发展让筛网印花、热转移印花以及数码印花等陆续出现，大大增加了效率，节省了成本，增加了精确性和套色成本，使印染变成了材料最主要的装饰手段之一。

1. 手工印染

手工印染是指手工对材料进行印花和染色的方式。手工印染的种类十分丰富，流传至今的主要有蜡染、扎染、夹染、糊染、型印和手绘等。

手绘是用笔或其他工具将染料直接在织物上绘制。一切绘画的技巧都可以运用，如画、晕、洒、泼等。这种方法灵活性很大，但是需要高度的技巧和熟练程度。由手绘发展而来的泼染是一种独特的印染手法，借助盐的扩散作用，使织物上的染液产生抽象的花纹，过渡自然、色彩丰富、变化神奇。

手工印染方式灵活，能够根据服装设计的需要自由地进行把握，能创造出强烈的韵味节奏和艺术感染力。而其中又因为有很多人工难以控制的变化因素给服装增添了许多原始神秘的气息。如本·康普顿将手绘和拼接相结合设计出的服装，其艺术感是现代很多机器印染难以达到的。由于需要大量人工操作，增加了成本，并且只能进行单件或小批量的生产，从而限制了生产规模，因此手工印染一般用于高级时装或者量身定做的服装。但是在现代追求个性的审美心理之下，传统的手工印染借助现代化技术的帮助，结合时尚的审美观，也逐渐渗透到成衣生产中。如迪奥 2013 年就有一款扎染的连衣裙，款式简洁，袖口和下摆均经过了扎染处理，整套服装既富现代感，又带有一股民族气息，具有十分独特的韵味。

2 工业印染

最早工业化的印染技术是滚筒印花，它生产效率高，成本低，能够满足广大客户的需求，因此应用广泛。但是受到单元花样大小及套色的限制，而且每次改变花型需要重新建立滚筒，相当浪费。由于不易灵活变动，因此它单调而缺乏变化。筛网印花自 20 世纪 30 年代引入西方，并在 50、60 年代实现机械化后，极大地改变了人们对印染态度。筛网印花适合小批量、多品种的生产，同时对花样大小及套色的限制也较少，色泽鲜艳，大大增强了印染的灵活性。20 世纪 50 年代末，热转移印花的出现又给印染工业带来极大的变化。它使设计师能够完全独立地根据服装设计进行印染实验，同时能将手绘和复杂的图案印在面料上，逼真精细、层次丰富。

通过计算机控制，将图案直接打印到面料上的印染是 20 世纪 70 年代产生的新技术，称作喷墨印染或数码印染。它能瞬间改变图案，色彩逼真。最初在打样中使用，有利于节省成本，现在很多的服装设计师都利用它做自己的面料设计，使设计师在设计过程中的主动性又有提高。从印染工业发展的过程不难看出，印染工业有从大批量生产逐渐向小批量、个性化方向发展的趋势，这也正是人们对面料艺术审美性要求的不断提高的结果。

(五)拼接

拼接,顾名思义是指将各种小面积材料组合成一个新的整体,或者贴缝在大面积的材料上形成新的外观。僧侣的百衲衣,中国古代服装中领口、袖口和下摆边缘的拼接、镶滚,明代的水田衣,西方古代服饰中的花边、饰带装饰都是传统的拼接形式。但是由于服装有地位的象征意义,所以常常用完整的材料来炫耀财富,而大面积使用拼接有打补丁之嫌,所以拼接多作为小面积装饰应用在服装中。

现在人们的审美观念发生了变化,服装更多地用来表达自己的个性和生活方式。拼接也不再让人联想到贫穷。它在服装设计中作为一种材料再造的方法能够增强服装的肌理感,给设计师的表现空间很大,因此应用十分广泛。拼接的表现形式多种多样,主要有以下三种变化方式。

1. 改变拼接材料的形状

一般拼接的材料是几何型,如三角性、矩形、多边形等,容易缝制。为了获得特殊的外观,也有将面料裁剪成特异形状进行拼接的,如范斯哲的礼服就有将面料裁剪成叶子形状,或者是裁剪出宽窄渐变的条带拼接而成的。

2. 变化拼接的缝合形式

材料之间的缝合形式是变化多样的。有的是将毛缝藏在反面,在正面加上花式线迹装饰;有的是将毛缝全部露在正面,并且将毛边抽纱来加强效果;有的也是毛缝外露,但是只在局部与底布固定,故意将底布露出来;还有的是将拼接的面料一层压一层缝合,形成层层叠叠的效果。

3. 变化拼接的面料

同种面料拼接时需要强调结构来加强肌理感，不同花色的面料拼接则要把握好主色调，以免过于混乱。

第四节　面料的二次加工

在现代设计过程中，一些设计师不仅仅满足于对现有服装材料的使用上，他们常常创造性地开发一些面料，而且他们常将现有的服装面料作为一种半成品，利用先进的设计和工艺更大限度地改变材料的外观，提高材质的品质，使材料本身具有的潜在视觉美感得以最大限度地发挥。因此，当今的面料设计也就有了面料的结构设计、图案设计及二次加工设计之分。

服装面料的二次设计是指在服装设计过程中，根据具体的设计需要，对服装面料进行的再设计及再处理。面料的二次设计拓宽了材料在艺术创造中的空间地位，丰富了我们的设计思维，它不仅是设计师意念的具体体现，更是材质形态通过服装本身表现的巨大的视觉冲击力，可以说是一种全新的设计方法。这种设计方法通过特定的处理手法，使材料的空间形态、组织结构、肌理效果发生变化，从而形成原始、奇特、幽默、鲜明、怪诞等视觉艺术效果，令作品更生动、有趣、感人、匠心独运。

第四章 面料创意——通过一块面料进行创意设计

一、面料二次设计的重要性

面料的再造将普通的纺织面料通过再创造设计得以升华，是服装、家纺的个性化设计得以实现的有效方法之一，各种面料再造的方法为服装、家纺风格多元化设计提供了很好的技术基础。面料的再造设计代表了国际时尚的主流方向和面料的发展趋势，成为设计师创作的重要设计手段，提高纺织产品附加价值的一个重要手段。

二、面料二次设计的灵感源

面料二次设计手法多样、风格各异，它与社会的思潮、流行的观念及工艺技术密切相关。设计师的灵感源是多渠道、多途径的。

(一)姐妹艺术

绘画、雕塑、建筑、音乐等姐妹艺术是设计灵感的最主要来源之一，古今中外的姐妹艺术在很多方面是相通的，不仅在题材上可以互相借鉴，在表现手法上也可以融会贯通。绘画中的线条与色块，雕塑中的立体与空间等都能被面料设计所利用。从姐妹艺术中寻求设计灵感的主要表现是将姐妹艺术中的某个作品改变成符合服装特点的形态。伊夫·圣洛朗曾将蒙德里安、梵高等绘画大师的名作运用到其设计中去，采用整合、手绘等方法，使面料具有全新的风格。

(二)科技成果

科技成果激发设计灵感主要是利用面料的形态来表现科

技成果，即以科技成果为题材反映当代的社会进步。人类争
夺太空的竞赛刚开始，服装领域就出现了"未来主义"风格。
在面料的再处理上，大量采用了抽褶、挤压手法，使服装显
现出非常前卫的艺术风格。

(三) 社会动态

服装是社会的一面镜子，社会环境的重大变革影响到服
装领域，西方自20世纪80年代开始弥漫着一股反传统、反体
制思潮，出现了破坏材料完整性的"破烂式"设计。

(四) 民族文化

民族文化对设计有着很深的启发，如日本设计师三宅一
生、山本耀司、川久保玲、小筱顺子等以日本文化为依托，
创造性地对面料进行二次设计，获得了极大的成功。

(五) 艺术思潮

超现实主义、解构主义、行动主义绘画等的创作及表现
手法都给面料二次设计以借鉴和启发。

三、面料二次设计的基本要素

(一) 材料

材料是面料二次设计的第一要素，离开服装材料就不可
能对面料进行再设计。不同的材料具有不同的表现性，我们
在处理这些材料前必须熟悉其性格，真正做到因材施艺，各
得其所。材料的处理方式不仅与艺术构思、工艺技术相联系，
而且还反映出社会的时尚和时代感。要对面料进行合理的二

次设计，关键是要把握决定材料质地、性格的一些因素，这些因素包括以下几方面。

1. 肌理

肌理存在于材料本身，千姿百态，不同的材料，不同的织造方式会产生不同的肌理效果。面料的二次设计常常采用异化的设计观念，改变面料固有的肌理效果，如陈旧式处理等。

2. 结构

材料结构由织造方式而定。在面料的二次设计中常常破坏面料原有的结构，从而形成全新的形态效果，如破坏性设计等。

3. 色彩

面料色彩设计包括材料本身的色彩和处理材料过程中产生的色彩变化，后者又包括因材料与材料之间的组合关系而产生的色彩变化及材料受环境影响而产生的色彩变化。在面料二次设计过程中，一些设计手法，如层叠、组合、剪切等，会使色彩产生微妙的变化，从而形成全新的视觉效果。

（二）空间效果

服装面料的二次加工常将面料的二维形态转化为三维形态。加工前必须对材料的张力及各材料的组合关系进行研究，从而采用适当的处理手法，形成满足设计要求的空间效果。空间效果是面料二次设计的重要视觉效果之一。

（三）处理技法

面料二次设计的处理技法繁多，主要有折叠、剪切、镂空、抽纱、披挂、层叠、挤压、撕扯、刮擦、烧烙、粘贴、拼凑等方法。采用何种方法来处理，要根据不同的面料及不同的设计要求而定，而且因人而异，其加工一般都是靠手工或半机械化工艺来完成的。

四、面料二次设计的手法

(一) 面料的变形设计

改变面料原有的形态特性，在造型外观上给人以新的形象。最具代表性的是皱褶设计，这种设计方法是将整匹布料通过挤、压、拧等方法成形后再定型完成，它常常形成自然的立体形。原来平坦服帖的面料经过整理后可能很皱，起伏不匀，但往往形成意想不到的良好效果。日本著名设计师三宅一生的"一生褶"是这一设计的典型范例。三宅一生采用建筑式块面及日本绷塑方法，利用类似纸构成的褶纹面料构筑了服装设计领域的"建筑风"。利用褶纹的光彩变化，使面料产生规则的明暗梯度，加上衣片结构及人体曲线的活动，使褶纹张合伸缩，产生微妙的光彩变化。正是这样色彩明暗有序的梯变及无序变幻的运用，使得这一设计增添了无限意趣，因而轰动了时装界。

(二) 面料的破坏性设计

通过剪切、撕扯、磨、刮、镂空、抽纱等加工方法，改变面料的结构特征，造成原有面料的不完整性。剪切使服装产生飘逸、舒展、通透的效果；撕扯使服装具陈旧感；镂空可打破整体沉闷感，具有通灵剔透的格调；抽纱则改变原有外轮廓，虚实相间。破坏性设计手法在18世纪30年代十分流行，当时一些前卫派设计师惯用这种手法来表达设计中的一些反传统服装观念。被称为"朋克之母"的英国设计师韦斯特·伍德常把昂贵的衣料有意撕出洞眼或撕成破条，然后拼凑不协调的色彩，这是对经典美学标准做出突破性探索而寻求新方向的设计，表现出对传统观念的叛逆和创新精神。日本设计师川久保玲推出的"破烂式设计"，以撕破的蕾丝、撕烂的袖口等非常规设计给国际时装界以爆炸性冲击。

（三）面料的整合性设计

这种设计方法试图突破传统的审美范畴，利用不同材料或不同花色面料拼缝在一起，在视觉上给人以混合和离奇的感觉，用设计表达多种思维。这种设计方法的前身就是古代的拼凑技术。现代设计手法中较为流行的"解构主义"是其典型代表，解构主义似乎有意地把服装的各个构成因素打乱后再融合到服装造型中去，体现了人们反传统的心理需求和反常规的思维方式。

（四）面料的附加装饰性设计

在既成品面料的表面添加同料或不同料的材料，从而改变织物原有的外观。附加装饰的手法很多，常见的是贴、绘、绣、粘、挂、吊等，涉及的附加材料多种多样，但原则上要有利于一定量面料的生产加工和使用方便，并具有一定的使用牢度。2012年国际服装大展中，意大利设计师在服装上钉了许多立体枫叶、琥珀石，表达出人与自然的关系。日本设计师山本耀司、川久保玲也常常在设计中运用层叠和悬挂技术，追求时空层次，追求多维视觉形象创造，从而赋予面料新的活力。

总之，面料的二次加工设计是当今服装设计界十分流行的方法，它使许多材料重放异彩，别具人文价值，更重要的是，它打破桎梏，激发了人们的创造力，其创造性思维启发了许多现代设计家。

(五) 面料的组合创新

面料的组合创新是面料本身、面料与面料之间，以及多种面料之间的组合设计。根据不同的形式美法则，组合出丰富的艺术审美效果面料的组合创新。分为相同面料的组合创新和不同面料的组合创新。

1. 相同面料的组合

(1) 同色同料

同色同料指把色彩、肌理一致的面料组合在一起。相同的面料组合在一起很容易取得统一、稳定的效果，但是其缺点就是造成过于单一的视觉效果。因而，相同材料的组合一定要努力寻找形态上、纹理上、表现形式上、构成状态上的变化。

(2) 异色同料

异色同料主要是指相同的面料用不同的色彩的组合，需要注意的问题是色彩的分配比例。

2. 不同面料的组合

(1) 同色异料

同色异料把色彩类似，而在质地、厚薄、粗细、风格等方面存有差异的面料组合在一起，构成整体又丰富的视觉效果。

（2）异色异料

异色异料把色彩、质地、厚薄、风格等方面具有一定差异甚至是对立的面料搭配在一起，构成有较强视觉冲击力的组合方式。

五、面料二次设计的指导原则

（一）建立正确的设计思维方式

在设计这一领域，要想站住脚，就必须拥有正确的思维方式，设计思维大致可以分为四种类型的思维方式：逆向和顺向的思维方式、发散和的思维方式、转换与位移的思维方式、创新与关注细节的思维方式。这些思维方式不仅仅在设计这一领域才有用，在生活中的很多领域都是需要的。

就逆向和顺向思维而言，顺向思维在我们生活中很常见，也很容易让人接受，在很多时候，我们首先会用顺向思维去解决问题或者设计作品，所以顺向思维是趋于大众化的。大众性的物体大多给人一种安定舒服的感觉，甚至是一种理所当然的感觉。就像1加1，我们首先就会想到2，这是一种顺向的思考方式，但是如果以逆向思维去思考，答案就不一定了，也许答案还是1，总之一切答案都有可能。虽然这种逆向思维方式无法在最短的时间内让我们接受，但是这种思维是我们思维达到全面必不可少的。逆向与顺向思维是人类所共有的。有时还需自我培养，将思想升级，社会思想进一步得到提高。一种思维的顺向逆向可能是一种经验的积累，也可能是一种经验的传媒，使我们少走弯路。

与顺向和逆向一样，发散和聚集也是一种矛盾的组合体。发散性思维是不依常规，寻求变异，对给出的材料、信息从不同角度，向不同方向，用不同方法或途径进行分析和解决问题的。它可以通纵横发散，使知识串联、联合沟通，达到举一反三。同时它具有流畅性、变通性和独创性，很多时候都会给人以新颖感。它具有聚集思维所没有的灵活性，就像一道没有固定答案的题目，只要没有限制，不同的人会回答出不同的答案，而且那些答案都是可以说通并且让人接受的。相反，聚集思维则缺少了发散思维的那一份独特性，聚集思维在一定程度上也叫求同思维，顾名思义，这种思维下的答案就有了一定的限制，它主要强调主体去寻找问题的"正确答案"，这种思维的培养一方面可以让我们在短时间内找到主题，但是就另一方面来说，它限制了思想，很难使人想出独特新颖的答案。但是这两种思维方式无法独立存在，它们之间有着一定的联系，集中性思维是发散性思维的基础，发散性思维是集中性思维的发展，所以这两种思维缺一不可。

有的时候，我们会有这样的感觉，觉得对一个问题始终都想不通，但是却在别人无意间的话语中得到了想要的答案。转换思维即是这样，有时我们从另一个角度去思考同一问题就能很快得到令自己满意的答案，就像一句诗所说"不识庐山真面目，只缘身在此山中"。同时，站在山脚你感受不到那俯视一切的感觉，站在山顶你感受不到那巍峨的感觉，所以你只有改变一下你的位置，站在对方角度去看、去听、去想。

仅站在自己的角度，要么你会因为站在山脚而有很大的压力，要么你又会因为站在山顶而有种骄傲、目空一切的心理。这两种心理都可以算作极端，我们都知道，极端的思想容易使人受伤，甚至有时伤的不仅仅是自己。这两种思维不仅仅对我们设计有帮助，对我们做人也有着很大的促进作用。

其实，前面的逆向、发散、转换和位移的思维方式在一定的程度上都有创新性，它们也许会给人以抽象的感觉，但是不得不承认的是，这种创新性在很多时候就直观上会给人一种舒适的感觉。人都会对新鲜的事物好奇，所以在很多时候为了得到更大的成就，很多设计师会想出许多既有特色又贴近人们日常生活的事物出来，毕竟现在很少有人会买没有实用价值的东西。所以，在创新的同时必须要关注细节，也许你创造出的事物看上去很漂亮，但是如果没有什么价值，谁还会去关注呢？如果你设计的板凳看上去很漂亮，但是坐上去没有一种舒服感，有谁还会去买呢？创新从点滴做起，有时如果你只是小小改装一下别人的设计，但是却能更加地贴近生活，这个也可以说是一种创新。毕竟事物的好坏是有大众决定的，自己的想法可以当作一种方法，但是却不能当作一种评论。

所以，设计不仅仅是艺术方面的设计，更是生活的设计，因为设计来源于生活，并且应用于生活。因为生活我们才会想到设计，因为我们想让生活更加的有意义，更加精彩，所以我们在不断地为我们生活增添光彩，但是光彩不是说加就能加的。如果仅仅是增加一些原有是事物，那加不加又有什么意义，也许加了还会有反作用。谁都有好奇的心理，如果想让别人对你所做的产生兴趣，首先你必须抓住别人的兴趣，从别人的角度来思考，并从自己的角度来评论。而且评论时要从多个角度去思考，这样才会在设计时有多个方案，即使是从同一个角度出发。

(二) 掌握面料特性，创新工艺技法

服装面料再造是相对服装面料最初设计而言的，它是以增强其所用面料服装创意的美学效果来突出服装风格和款式的特点，将最初的服装面料运用适宜的、创新的工艺最带限度地改变其视觉感受，提升艺术效果和品质品位，最大限度地挖掘面料本身的潜质，使其更完美更好地为时装设计服务。

服装面料再造设计是由多种元素综合的创造性设计。它启发服装设计者创造性思维，敢于面对质疑和挑战，善于从细节入手，从局部设计做起，放飞思绪，进行创作，密切跟进时下面料需求的发展动向，开拓设计思维的空间。

(三) 注重形式美

形式美与反形式美是设计中不同的两个方面，相互依存，即对立又统一，在设计中二者应该相互融合、不拘一格。套用形式美法则设计的服装感觉比较中正、典雅、大气、大方；而套用反形式美设计的服装比较视觉冲击，也更有释放个性的感觉。

(四) 以市场流行为导向

作为服装设计师，首先应该具备良好的自身素质和竞争意识，对市场潮流的把握、对时代的敏感性都是当代服装设

计师不可或缺的素质。自身的不断发展与完善是当代服装设计师的必备条件。所以我们现在能做的就是努力学习专业知识，加强与各知名品牌的合作、交流与对话，才能在这激烈的挑战中站稳脚跟。

有些人认为现在的市场不需要设计师的存在，有些小企业宁肯要一名打板师也不愿意要设计师，他们认为设计师是流行趋势服装的设计者，对于市场需求足够了。在他们眼中，设计师只不过是一种象征，是企业"做大"以后用来点缀门面的东西。其实不然，如今的设计师触及的是企业的方方面面，其中包括了对市场的调查，对产品的定位，设计过程中对面料、款式独特的把握，以及产品用何种形式去宣传，及使用何种营销手段等。服装作为商品，有着自身的功能和价值。"一件服装要美观、舒适也许并不需要太多的设计"，如果这句否定设计师职能的话，单纯从穿衣行为而言或许是成立的。对于发展中的服装市场，对于当今消费者对服装市场的流行判断更趋于理性化。对于各种流行潮流，现在的人们不再像以往那样的盲从和追捧。市场对设计师的需求无疑是肯定的。但就目前国内现状而言，情况并不乐观。据了解，现在高校毕业生的大部分服装设计师都集中在北京、上海、广东这些大城市，中小城市服装设计师根本就没饭碗。所以说，设计现在服装师不仅要在流行服装上有作为，更要满足现代企业的需求。

（五）加强艺术性的综合设计

在不同的文化背景下人们形成了各自独特的社会心态，这种心态对于服装的影响是巨大而无所不在的。我们可以简单地比较一下东西方民族的着装风格，看得出在不同的历史文化和生活习俗的影响下，其在着装方面形成了鲜明的差异。总体来说，东方的服装较为保守、含蓄、严谨、雅致，而西方的服装则较追求创新、奔放、大胆、随意。服装设计应该是有针对性的设计，根据人们不同的文化背景在服装造型、色彩等选择上采取相应的变化。同时随着各国各地区的文化交流日益增加，服装设计中也应吸取它国民族的精华，形成自身独特的服饰风格。此外，各类艺术思潮也会对服装产生巨大的影响。例如，抽象派的构成主义，前卫派的立方主义，或是回归自然、复古主义等等艺术流派和艺术思潮，都明显地或不被觉察地影响了服装的变化而形成了流行的趋向。

第五节　面料手工再创造对服装设计的影响

时代在进步，技术在创新。艺术和技术完美结合已经影响着服装设计领域，尤其是面料手工的再造已经成为现代时装设计和创新的重要手段。它主导时装时尚的潮流。单一、陈旧的面料已经成为过去时，而日新月异的面料手工再造工艺主导时装设计的现在时，人们对服装时而追求纷繁的华丽之美，时而讲求优雅的朴素美，服装设计要取得良好的效果，就有必要进行服装面料手工。再造面料以丰富的语言，独具特色的材料不断地激发设计师的灵感和激情，让设计师有更广阔的发展空间，是现代服装设计的精髓所在，它传达的是一种理念、一种感觉。面料的手工再造将渗透到服饰的方方面面，促使服装设计者设计出独特而唯美作品，以不断满足人们对求异求新的心理需求。面料手工再造是指对现有面料的基础上进行进一步加工设计，它具有新颖的外观以及强烈的视觉体验，它将成为服装设计师们突破自我的一个新的具有挑战性的元素。

一、对面料手工再造的介绍与应用

（一）面料手工再造的特点

1. 强烈的艺术性

面料手工再造通过材料、造型、色彩、构成形式、主题表达、形式美等因素反映唯美追求、生活情感，彰显流行时尚的艺术处理，所以服装面料再造本身就有艺术性，它的设计语言鲜明是通过各种工艺手法创做出的具有感染力、思想性、文化性和独创性的作品，且艺术特色会随着时代发展、公众需求的变化而变化（如图4-4）。

图4-4　艺术性手法

2.严谨的科学性

面料再造设计是为服装设计而服务的，且具有很严谨的科学性。它是以面料、服装设计理论为依据的。例如，各种面料再造的工艺手法、面料性能特点和面料流行信息的收集，以及再造面料本质与人体、服装的关系等，都要科学研究与处置。面料再造设计需要将色彩学、构成学、人体工学、美学、营销学等多学科知识客观、真实、准确把握，具有一定的综合性。可以说服装面料再造设计是综合性与科学性的高统一体。

3.与生活的密切性

面料手工再造与生活有着密切的关系。人们都会追求靓丽的服饰、愉悦的心情、舒心的生活，因此服装面料再造设计不能只考虑它所带来的单纯的美感，还要求耐用、便利、舒适，设计师就要在意不同服装部位的视觉效果、人体的舒适度、着装者气质的吻合、与生活环境的协调性、再造面料的经济性等，这也是人们在生活中注重的因素。

4.突出的商业性

当今社会是经济社会，这是不容置疑的，面料设计自然也就具有突出的商业性。作为商品时时刻刻与人们的生活息息相关，它是为满足商品市场对服装的个性需求而发展起的，因此商业性是其突出特点。同时，优秀的面料再造设计是一种时尚导向，引领着时尚潮流，它可以刺激消费、引导消费、创造一定的经济价值。

二、面料手工再造的意义及带给服装的艺术效果

(一) 服装面料再造的艺术效果

1. 视觉效果

指人们用眼就可以感觉到的面料艺术效果，强调图案纹样结合色彩在服装上的创新表现。例如，水洗主要运用在牛仔服装的后处理上，使面料达做旧的效果。根据洗涤方式和添加试剂的不同分为普洗、洗、漂洗、酸洗、酵素洗、砂洗、雪花系、破坏等。当今品牌 "DESEL" 就是综合运用这些工艺的专家，其每条裤子都会运用七八样的水洗方式来做出千变万化的陈旧效果。印染、手绘及少数民族常用的扎染、蜡染，最近几年频繁地被运用在成衣领域，使服装效果达到多样性、色彩丰富、时尚靓丽。赋予材料以新面貌、新特性、新风格，使其具有律动感，以增添服装的美感效果，从而扩展了服装材料的使用范围与表现空间，增强了服装的艺术表现力。

2. 触觉效果

指人通过手或肌肤感觉到的面料艺术效果，强调面料的手感，突出立体效果。例如，编织设计可以变化出无穷多无穷美的肌理图案，当我们在毛织服装设计时常用粗针、细针、粗细针相结合、挑孔、纽绳、扳针、电脑提花机绣、手绣、绳索搭配珠片，褶皱，荷叶、花朵、针梭毛织结合等工艺。粗针给人一种粗犷、大气的感觉。如果在粗针的基础上加一些立体绣花贴花，则更有立体效果，更富有艺术表现力。

3. 听觉效果

指通过人的听觉系统感觉到的面料艺术效果，强调在人

体运动过程中面料与面料与其他装饰物的摩擦产生的有声韵律。如镶缀法，在面料上镶嵌穿饰布条或毛条等纺织类材料，或者缀饰珠子、贴片、烫钻、金属扣、金属气孔等非纺织类材料。再有撕扯设计使服装具有陈旧感；镂空设计则打破面料的整体沉闷感，给人感变得鲜明、可塑性强、产生律动感。

(二) 面料手工再造的意义

面料手工再造赋予原有材料以新面貌、新特色，使其成为一种具有律动感、立体感的新型服装材料，以增添服装的独特气质，从而扩展了原有服装面料的表现和使用的空间。随着社会的发展，人们生活水平的提高，面料再造已渐渐成为服装时尚潮流的风向标，它迎合了人们对时尚的追求，同时也是服装设计观念转变的体现。对于设计师而言，思想不再受传统面料的束缚，可以天马行空，自由发挥，设计出更具特色的作品。再造的服装面料已突破了保暖、装饰的原始功能，进而更具功能化、智能化、个性化。随着纳米技术、航天技术、克隆技术这些新技术的应用，加强了面料的使用功能，提升了现代设计师的设计理念。另一类为饰品材料，一般以点、线形态出现，这类材料一般用于点缀、装饰底布，能使底布面目全非，出现全新的面貌。面料再造有利于服装设计师开拓想象力，启发思维，在设计过程中萌发新想法、新创意，张扬了服装的设计个性，又丰富了服装的视觉内涵，承载经典、标榜新意，为服饰另辟一条蹊径。可见，面料手工再造有助设计师想象力的发挥和激起创作之欲望。同时新面料的不断开发又能为设计师提供永不枯竭的创作能源；对服装企业来说，对旧的面料再创造，改变服装面料原有的特点、功用、性能，既降低了成本又提高了利润，使其成为高附加额的产品。

对社会而言，它可以促使有些零碎布头的再利用，节省资源，又获创新，一箭双雕。这些创意面料也启发了各行各业的设计师对于面料再造的应用，因此有强大的发展潜力。对我国的传统工艺而言，面料的再造是我国传统工艺的保存和发扬。

三、面料再造的发展、创新对服装设计的影响

(一) 面料再造的发展历史

我国的面料再造历史源远流长，在我国有很大一部分传统手工艺是面料手工再造。早在4000年前的刺绣工艺，广泛分布于我国各地，风格各异、五彩缤纷的刺绣令人眼花缭乱、叹为观止。比较著名的有苏绣、湘绣、粤绣和蜀绣，以其精美的图案造型、精湛的绣工和复杂多变的针法名扬天下。再如源于欧洲的抽纱工艺、缩褶工艺和早在古埃及就被广泛使用的为十字绣等，在我国古代上层社会乃至民间的衣饰中都能找到他们的身影；近代，由于刺绣机器的发明，传统手工技术一度低迷，到了20世纪末，我们才重新认识到传统面料再造工艺的应用价值和美学价值，并给传统面料再造注入新的元素，面料再造不但应用在服装设计上，而且应用在室内装饰品设计中；且看当代，从10年前"兄弟杯"的《青铜时代》经手工处理的祥云纱褶和刚落幕的全国第十一届美展服

装展，面料再造设计化单调平凡为繁丽神奇，由摸索尝试发展到感观启迪震撼，由面料性能改变发展到服装设计理念的革命更新。这也是服装设计者不断进取创新，不断发挥材料魅力的征程：从面料的原始再造到复合再造再到感观型再造，直到发展为多元素现代设计再造，即主题型设计再造，目的是注重面料纹理、服装式样造型和人体结构关系的人文设计，并高度渗透了现代面料特质和精湛的工艺技法。

面料手工再造在服装行业中是一个不断发展更新的产物。它是服装设计师们备受推崇的。其外观特点直接影响服装的整体效果，经过面料手工再造能提高服装的附加值，在纺织行业趋向多元化、个性化的国际形势下，服装设计对面料的要求走向一个以创意性为主流的设计趋势，面料的手工再造补充了服饰文化的内涵，张扬了服饰世界的个性，提升面料的视觉审美情趣和艺术品位。它还提高服装的附加值和竞争力。使面料手工再造在服装中得到广泛运用。

(二) 服装面料手工再造设计创新

服装面料再造设计的创新思维类型可分为以下几种。

1. 灵感型设计

"天才就是99%的汗水+1%的灵感。"这话虽然是强调付出的重要性，但是灵感也是成就事业不可缺少的一部分。在服装面料手工再造设计中，有许多灵感是一时想起、模糊不清的，是凭着直觉而跟行的恍然大悟的思维，我们可以将那些一闪而过的灵感或者想法逐一记录下来，然后将相同点整合形成面料再造设计的系统指导思想。灵感是诱发设计的因素，搜集、培养设计灵感是面料再造者设计时装的出发点。设计者依靠灵感的捕捉和想象的发挥，才能酝酿出优秀的设计思路，然后凭借灵感去构思、挖掘生活中的美的元素。因此，我们的设计者要学会留心和观察那些时常被我们忽略或视而不见的细微事物。设计师要走向从大自然、挖掘传统文化、赏析历代服装、融汇各种艺术、探索科技领域、留意日常生活去寻找灵感和突破点：自然界色彩的启迪、中国传统文化的理解、绘画艺术的多彩线条、书法笔墨的风采神韵、建筑造型空间的立体韵律、音乐舞蹈的节奏旋律、民间艺术的古朴风雅……这些都可以给我们无限的遐想，跳动的灵感，以增强思维灵活性强，充分挖掘设计潜质，开发设计者多维思维，达到服装设计的独创性、新颖性、张扬性。

2. 主题型设计

在服装面料再造设计中，可以先拟定服装设计的主题再进行构思。对作品主题的诠释，是服装面料再造设计的一个重要环节，也是突出主题和鉴赏作品的必然途径。它要求服装设计者对主题蕴含的丰富内涵达到本质性的领悟，拓展自己的思维，张扬个性差异，提高审美水平。例如，现在许多服装设计或者面料设计比赛中都设定一个统一的主题，让不同的设计师和欣赏者能够从不同的角度去分析领悟到主题的个体差异性，在作品中展现设计师对文艺、历史、传统的深刻内涵，实现作品独特的风采神韵和文化取向。

（三）对服装设计的影响

服装设计追求的最高境界，说到底是风格的定位和设计，服装风格彰显着时代特色、社会面貌及民族特色，通过对服装材料、技术创新，结合他们蕴含的风采以及服装的艺术性与功能性，创造出面料与风格相匹配的个性服装。无论服装款式是否相同，但其面料本身所表达的风格却是千姿百态的。因为各种面料具有不同的质地和光泽，包括它的软硬度、挺阔度、厚薄等决定着服装的基本特色，也就是说有各自的"语言特点"及表达效果。而面料再创造的丰富多样无疑对服装风格的实现提供了更为广阔的物质条件和创意空间。所创作的服装风格也就各不相同。这就需要服装设计师因地制宜地去思考，把握，并用审美独特的眼光感悟领会，进行设计创新，创造出"诗意般的语言，童话般的境界"。

服装设计师对面料的材质、图案和肌理等方面的开发、创新，彰显了自身的独特审美情趣和创作风格，以确立自己的思维方式和表现手法为重点，丰富原有面料内涵风采，并利用手工再造面料设计出更能体现自己思想内涵和独特风韵的唯美作品。服装面料再创造，是将许多时尚元素融合、渗透和拼接，是艺术与技术的完美结合的创造。面料通过折叠、皱褶等多种方法，使织物表面形成凹凸有致的肌理效果，加强了面料的浮雕立体感，用这种面料设计的服装往往具有一种外敛内畅的效果，洒脱豪放。其实，每个人的内心深处都渴望拥有一份自己的一方天地。面料再造可为原本平淡无奇的面料增添几分神韵几分优雅，令人着迷。像在面料上粘上水钻、刺绣、金属线、蕾丝、丝带等手法，不仅增加了面料装饰效果，又能表现随心所欲的浪漫风情。面料手工再造是服装设计变得神秘莫测、风姿摇曳、让人神往。

第四章 面料创意——通过一块面料进行创意设计

面料手工再造会源源不断地给服装设计业注入新鲜的血液，现代服装设计师应经将自己的服装创意同面料手工再造完美结合在一起。在服饰文化日新月异的今天，创新的面料甚至主导这新颖的设计理念。服装蕴含了设计师的思想内涵、审美情趣和实际功用，设计师只有发挥自己的想象力来满足人们对物质日益提高的要求，服装艺术个性化的、时尚化的、多样化的，面料手工再造应要不断创新以迎合这个多彩时代和设计师的需求，给设计师提供广阔的发展和创新的空间；来满足人们独特的视觉感受和越来越高的品位，丰富人们的精神世界；使服装产品更具市场潜力和竞争力。服装设计师们从以往简单的款式设计转变成服装面料的丰富多彩设计。面料手工再造丰富了服装设计师思想世界，甚至影响了这个时代对于服装审美的变化。这是一次新的变革，也是一次质的飞跃，更是一次服装个性化的复苏，它将迎来服装设计界的春天。

第五章　形象色彩的创意思维

第一节　形象色彩设计的灵感发掘

形象设计是美化人生、美化生活、美化社会的一门艺术，是现代设计学的一个重要组成部分，已逐渐形成为专门学科和独立的文化体系，越来越引起社会的广泛关注。从总体而言，形象设计大致包括以下几方面。

第一，发型设计与修饰。发型设计可以分为：发型设计、特殊发质的修饰技巧等方面。

第二，服装、服饰设计。服饰设计可以分为：服装色彩设计、着装款式设计、服装搭配、饰物佩戴设计等方面。

第三，化妆造型。化妆可以分为：脸部美饰化妆法；皮肤美饰化妆法；眉、眼、鼻、唇等部位化妆法；眉、眼、鼻、唇等部位矫正化妆法等。

以上内容是相对整个形象设计造型而言的，作为形象设计专业的学生来讲，必须要了解和掌握基本专业知识和必需的专业素养，也是现代素质教育的有机组成部分。不管从专业角度还是非专业角度，服装色彩知识的重要性不言而喻。

第五章　形象色彩的创意思维

一、对服装色彩设计的理解

我们通常指的色彩是所有色彩现象的总称。服装色彩是指服装与服装配件上的色彩组合效果和设计过程。它是把色彩作为造型要素，以自然色彩和人文色彩现象为设计灵感和依据，抽象提炼色彩造型元素，重新构成色彩形式并应用于相应的服饰设计过程中。可以说服装色彩是整个形象设计中的灵魂，对服装色彩的正确理解与运用才是对整体形象设计的把握。

二、服装色彩设计在形象设计中的运用

服装色彩设计从现代设计的角度讲是以人体为对象进行色彩包装，构思创作形象并加以形态化的创作过程，从整个形象造型艺术来说，不论是发型、化妆或是服饰搭配等，都缺少不了色彩设计，尤其是从人的服装色彩上而言，就好比机器上的螺丝钉。所以，对人体包装而言，服装色彩设计是形象设计不可分割的组成部分，两者互为补充、不可或缺。

(一)服饰色彩具有独特的社会文化象征性

服装色彩能真实、客观的反映不同时代的历史特征和社会审美风尚。人们处在不同的时代，就有着不同时代的物质文化和精神向往，因而服饰色彩也呈现出不同的面貌。比如处于原始社会时代，人类只懂得利用自然色彩来纹面、文身或装饰器物，这时的人物形象特征很明显带有宗教意义；在封建社会人们也会用服装的色彩来显示身份的尊卑、地位的高低，这时的人物形象特征带有封建等级意识。由此可见，

人类的服装色彩的变化与使用，就在这样的历史演变氛围中被赋予了各个时代的精神向往和文明象征。

（二）服装色彩的实用功能

由于人们的职业不同、穿着目的不同，对服装的使用功能也就有不同的要求，有的要求灿烂夺目吸引注意；有的要求有伪装性，不易被发现；有的要求有安全感等。这时的服装色彩就以实用为第一目的，对其他方面的考虑相对少些。例如，在野外、海上、铁道和森林从事风险作业人员以及建筑工、清洁工、交警、登山和滑雪运动员等，他们的服装色彩多用橙色、橙红色、黄色，甚至使用荧光色等醒目色彩，以容易识别。在使用以功能性为主的服装配色中，色彩要采用与服装要求想适应的冷暖色调，在重视功能性的同时也能让服装更具有魅力。

（三）服装色彩的人性化体现

人是有着自然属性和社会属性的。所谓自然属性，即性别、年龄、体型、服色等；社会属性，即职业、信仰，所受到的教育程度等。人在着装后能明显地表现出性格、身份及文化层次。在服装色彩设计时，除了考虑服装本身的款式设计外，还要考虑到着装后的效果及与其他服装搭配的效果。正如法国服饰设计大师巴尔曼认为："如果一位姑娘穿着他做的衣服走在大街上，人们赞叹道：多么漂亮的衣服啊！这证明设计是失败的；如果说：多么美丽的姑娘啊！"这证明设计是成功的。这说明具有色彩的服饰只是半成品，它只表现了设计师的艺术构思和工艺师的技术水平，最后的完成还有待于人体接受，认同了、合适了才是美的，没能认同或是不合适至多不过是美好的构思。因此，也有人将人体色彩特征与纷繁的色彩科学地对应起来，并形成和谐搭配规律的"四季色彩理论"体系。"四季色彩"理论的重要内容就是把常用色按基调的不同进行冷暖划分和明度纯度划分，进而形成四大组自成和谐关系的色彩群，由于每一组色群的颜色刚好与大自然四季的色彩特征吻合，因此便把这四组色群分别命名为"春""秋"暖（色系）和"夏""冬"冷（色系），依据该理论体系，对人的"色彩属性"进行科学分析，总结冷、暖色系人的身体特征，并按明度和纯度程度把人区分为四大类型，为人们分别找到和谐对应的"春、夏、秋、冬"四组装扮色彩。

以人为根据，以人为核心、以人的物质和精神上的追求为归宿，这是服装色彩设计的过程与目的，也是服装色彩设计与其他艺术的最大区别和根本特性。这种以人为设计对象，而且又直接把人作为表现要素来处理、创造的服装色彩设计在造型手段上、审美层次上、使用环境中直接受"人"这个框框限制。它的最大特点就是以具体的人作为表现要素、以人为核心的价值判断这种不可变的原则要素为基础，根据变化多端的具体人的需要来创造设计出各种各样的美好色彩。

（四）服装色彩的形象装饰性

这里所指的装饰首先是指服装表面的装饰，如图案的运用、配件的运用、化妆色彩的运用等，通常会注意服装和着装者的体态、服色、环境等的协调。

三、从服装色彩设计看形象设计专业化

形象设计艺术具有审美主体与客体相统一的特点。因此，以人性化的设计更是我们追求的最终目的。不管是服装色彩设计还是形象设计始终不能脱离人的因素，也就是说整体、完美的人物形象是由服装设计和形象造型等共同营造的结果。如果将两者彼此分离，只是强调单一的艺术形式和手段，将不会有完美的人物形象的出现。服装色彩解决了人们在装扮用色方面的难题，即使您穿上并不合适的颜色，也可运用"四季色彩理论"，通过巧妙的化妆去调整，它对个体形象设计具有实际的指导意义。通过科学自信的装扮，从而帮助人美化形象、确立自信，以提升人文形象。

第二节　形象色彩设计的再创造

一、概述

随着社会的发展，人类文明的进步，形象作为个人内涵的外在表现方式，每时每刻都在展示着个人的品位修养，传达着个人的人生目标与发展方向。不管在生活中还是工作中，我们给人的第一印象对我们都起着至关重要的作用，因此作为第一印象的重要组成部分，个人的形象设计已经受到越来越多人的关注。服装的选择与搭配在提升个人形象和体现穿衣品位方面具有十分重要的作用，而色彩在服装造型上占据着举足轻重的地位。一般来说，形象占据着70%以上的第一

印象，很多时候良好的第一印象为我们打开了成功的敲门砖。而在形象当中，服装色彩又占据着60%以上的重要性。

(一) 个人形象设计

个人形象设计又可称为"个人造型设计"，也就是对个人整体形象的再创造过程。所谓"再创造"，并不是要完全脱离人物本身，塑造出一个与其毫不相关的形象，而是在保持人物原有本质的基础上，结合考虑其职业、环境等外界因素，用服饰、化妆、发型等手法塑造出尽可能完美的人物形象。

服装造型在人物形象中占据着很大视觉空间，因此也是形象设计中的重头戏。除了选择服装款式、颜色、材质，还要充分考虑视觉、触觉与人所产生的心理、生理反应。服装能体现年龄、职业、性格、时代、民族等特征，同时也能充分展示这些特征。当今社会人们对服装的要求已不仅限于整洁保暖，而且增加了审美的因素。专业的形象打造需要在了解服装的款式造型设计原理及服装的美学和人体工程学的相关知识的前提下，将服装的设计元素在形象设计中运用得当，使人的体形扬长避短，整体形象更符合个人所处的场合与社会角色需要。

(二) 服装色彩在个人形象设计中的地位

成功的个人形象设计是表现人类生活的一种状态美，就体现在他的服装所衬托出的由内而外的气质上，在形成服装状态的过程中，最能够创造艺术氛围、感受人们心灵的因素是服装的色彩。因此，色彩是构成服装的重要因素之一。色彩是创造服饰整体艺术氛围和审美感受的特殊语言，也是充分体现着装者个性的重要手段，可以说色彩是整个服装的灵魂。成功的服装色彩设计更能使服装新颖脱俗，更能体现出其独特的形象风格。

二、服装色彩与个人形象设计风格

(一) 服装色彩

色彩感觉是人类与生俱来的特殊功能，在动物眼里的世界多是黑白的，而人类眼里的世界是彩色的。人在观察外界物体时。对色彩的注意力占了80％，对形的注意力仅占20％。有句俗话叫作"远看颜色，近看花"，这些说法，更让色彩成为最重要的视觉对象。

生活失去了色彩就犹如人体抽干了血液，而服装失去了色彩必将暗淡和苍白。著名诗人泰戈尔说："一切美丽的东西都是有色彩的"。色彩美是渗透在服饰和形象设计当中的重要因素。每种色彩都表达着不同的情感，不同的色彩组合表现力更是丰富多彩。如何应用好服装色彩体现人物的形象风格在形象设计是重要的美学问题。

1.服装色彩的特性

服装色彩设计是建立在色彩学的基本原理之上的，扎实的色彩理论是不可缺少的素养。有关色彩学的理论运用到服装上是否具有绝对性，事实上许多服装师有时违背了色彩学的配色原理，创造出一些符合时尚的优秀作品。服装色彩有着自己的特殊性，不能盲目地应用色彩学的理论，这是因为服装色彩装饰的是人，而且他们具有千差万别的个性，因此色彩的纯度、明度、色相都应以人为依据，这样就使得服装色彩有其有别于其他的特性。

服装色彩的设计不能脱离面料的性能，不同外观特征的面料：质量感、机理、垂感、透明、印花、挺括感等因素都会给人以不同的印象，必须灵活运用，才能设计出时尚的色彩。服装是具有艺术性的实用品，其色彩要考虑实用机能性。同样是制服，民警与陆军的服装色彩有着明显的区别，因有警示的机能，交通民警应选用醒目的色彩；而步兵为了隐蔽自己，须用中性绿的保护性色彩。以服装产品为对象，根据不同的面料、款式以及色彩流行趋势的变化等诸多因素而进行色彩设计。服装设计有它特殊的配色和灵感。服装色彩的设计是以人为中心的，有很多其他的因素，有时理论上属于好的配色方案，但运用到服装配色上效果也许相反，因为服装配色要灵活运用、随机应变。

2. 服装色彩的感情

在传达心理感受方面，色彩也具有象征性，甚至可以说，每一种色彩都有心理联想意义。服装色彩在服装感官中最夺人的印象，它有极强的吸引力。若想让服装色彩的作用发挥地淋漓尽致，必须充分了解色彩的特性。为什么色彩与服装如此密不可分？因为一个人对服装颜色偏好，恰恰蕴含了他们的心理和性格，这种偏爱有的是自然天性，有的随时代的变迁或情感的浓淡而有所改变。

每种色彩都有不同的特性，都有独特的色彩感情与个性表现。服装色彩的情感表达正是将不同的色彩进行组合搭配，表现出热情奔放、温馨浪漫、高贵典雅、活泼俏丽、稳重成熟、冷漠刚毅等变化迥异的风格个性。

常见的色彩所包含的性格、感情信息列举如下：

黑色具有双重性，一是象征沉默、黑暗、恐怖等，同时也象征庄重、神秘、成熟、刚直、高雅等。

白色是清纯、神圣的象征。散发着不容妥协，难以侵犯的气韵，体现出华丽而高雅的品质等。

灰色介于黑白之间，更具高雅、稳重的气质。它最大的特点是可以与任何色彩搭配，构成种种不同的风格。

红色象征着热情、大胆、奔放、开朗的性格，属于典型的乐天派形象。

橙色性格开朗，具有个人魅力，活跃于社交场合，比红色亲切。

黄色作为明度最高的色彩，体现明朗、阳光、活泼、明快等。

绿色个性平实、与世无争、待人谦逊、和善可亲，向往平静的生活。

蓝色沉着冷静、善于思考、富有理性。

紫色代表神秘，有自己独到的品味，具有艺术天赋，感觉敏锐。

因此，人们可以选用合适的色彩向他人传达出自己所要表现的气质与形象，也可以通过自己喜欢的颜色对自己的性格进行客观分析定位。

(二) 个人形象风格与色彩组合

风格是形象设计所要表现的重要部分，是形式与精神共同的体现，可以说是设计的灵魂。形象设计的风格如同是人的面部表情，人的七情六欲，如果一个人生得端庄、美丽，但是缺少表情，这张面孔也会显得呆板，没有生气。如果是一张表情丰富的脸庞，即使不是非常美丽，也有一种打动人心的力量。

形象设计风格具有两层含义：一是指设计师自己特有的表现风格，这种风格的展示多种多样，根据设计师各自不同的学识、经历、爱好、性格等多种因素而形成；另一层是指综合形象设计被众人接受并认可的一种具有独特特点的风格。归纳为四大风格，即罗曼蒂克风格、典雅风格、民族风格以及随意风格。

1. 罗曼蒂克风格

罗曼蒂克风格，又被称为浪漫风格，可以解释为"非现实的甜美幻想"，在这里是指华丽、优雅，并带有幻想气息的风格。因为梦幻、浪漫是女人的天性，因此，罗曼蒂克风格具有女性十足的味道。

罗曼蒂克的配色通常以柔和的女性味为中心，所要表现的是女性的自然与妩媚。常见的色彩是：柔美的粉色、平缓的绿色、清纯的蓝色以及温和的黄色等明快色调，白色和浅灰也在必备色之中。

淡色邻近色组合以明亮的、柔和的暖色或冷色为主色调，再配以与其邻近的其他浅淡色彩，色调、色相相近，对比较弱，整体和谐优美。例如，以大面积浅淡的蓝绿色为基础，再配以白色、蓝绿色。蓝灰色，整体形成淡淡的、朦胧的色彩感觉。蓝绿色与白色相间的小花纹图案，更贴切地表现出罗曼蒂克的配色风格。浅色所拥有的柔和感，与冷色所特有的文静感两者结合，可以表现出爽快、文雅的配色形象。

淡色对比组合以淡色为基础的色相对比配色，这种配色属于亮色调，具有柔和、朦胧的对比效果。例如，以淡黄色为中心，配合以高纯度的色彩，小面积的浅玫瑰色、浅紫色、黄绿色以及灰色，便形成了一组颇有个性的组合，产生出青春、明快的青春气息。

中间色临近组合中间色彩的基调，色彩的倾向性偏低，因此要选择有女性气息的色彩如灰褐色、粉灰色、黄灰色、青灰色、青紫色、驼色等，配色方式需要单色与花色的结合。

中间色对比组合以中间色为主色调，在配色中，使其呈现色相、明度的柔和对比之感，展现出一种自然的风格，配合色彩对比，其效果明朗、轻盈。如以浅蓝灰色为中心，配以小面积较鲜明的中性橙色，中性黄色一级极小面积的湖蓝色，即形成极富女性味的活泼组合。

2. 典雅风格

典雅风格的原意为第一流的、经典的、古典的、传统的等，在形象设计中，它的含义为回归古典、雅致的气氛。最本质的特点是气质高雅、端庄，造型合体，着装形式讲究。

典雅风格常常给人一种距离感，引人注目，在人们初次见面时，印象深刻。将其运用在晚会形象设计、公众人物形象设计中，效果极佳。

典雅风格配色通常以中间色彩的运用为主，配以低纯度、高明度的颜色，没有强烈的色彩刺激，显得温文尔雅，不落俗套。

中间色邻近组合以中间色统治整体配色，具有稳定、沉着的感觉。如以灰蓝色为主，配以统一的冷色相的色彩，小面积的浅蓝色、深紫色、灰绿色，再加上中等面积的白色，整体形成文静高雅的感觉。

中间柔和对比组合这种配色中色相、色调的差别不是很大，对比自然柔和。给人以柔和、平稳、优雅，值得信任的感觉。

灰色基调邻近组合，以灰色为主色调在典雅风格中十分常见，常见于男子形象配色之中。如以灰色为基础，配合深紫灰色和灰褐色，加上一小块紫罗兰色的面积，形成引人注目的整体效果，大方、潇洒。应用于男子典雅风格的装束，显得很有贵族气质。

灰色基调对比组合仍以灰色调为主色调，配合比较鲜艳的色彩，对比程度增加，但是依然存在调和关系，如以明亮的灰色调为主色调，使用中间色调加以配合对比。小面积的灰橄榄绿色、灰红色、灰褐色以及深灰色与主灰色相配合，虽然配色较多，但都是含灰色调，对比之中存在着和谐之感，给人以厚重、可靠的情感，且不失高雅的情趣，适用于男子生活形象配色及休闲形象配色。

3. 民族风格

民族风格的形象设计源于各国传统的民族装束，这样的形象设计极富于表现力，富于民间风味，别有情趣。但是由于世界上民族众多，各民族的风俗习惯都不一样，因此在形象设计中就概括为两种类型：一种类型表现效果是艳丽夺目的色彩组合，展示花哨、有趣的异国风情；另一种类型的表现效果是质朴温和的色彩组合，展示亲切、思乡的田园情调。

明亮色组合用鲜艳、明亮的色彩，并且运用拼接、图案等的装饰手法，形成富有热带气息的色彩组合，如以大面积橙色为基础，配以红褐色、金黄色、黄褐色以及一小块黑色，通过衬托，或是勾勒图案的形式，可以起到加强效果的作用。这样的配色带有强烈的感情和浓郁的热带气息，适用于自由奔放的女性形象设计。

中间色基调组合，泥土、树皮或是未漂白的棉、麻等，具有自然色彩，都属于中间色调。如以灰橄榄绿为中心，配以深褐色、灰褐色、浅灰及深橙色，整体配色形成温暖、亲切的格调，产生一种与故乡亲近的安逸感。

白色基调组合，白色基调可分为两种：一种是使用带有白色的某一色彩，整体体现朴实的自然感；而另一种则是运用白色为底色，以其他色来作为装饰。前者色彩效果随意，舒适；后者效果或者华丽，或者民族风味十足。

黑色基调组合，民族风格配色在用黑色基调时，有的配以鲜艳的色彩，对比强烈；有的配以中间色彩，显示稳定的气氛。

4. 随意风格

随意风格是现代兴起的一种表现形式，应用十分普遍。现代生活紧张的节奏，促使人们产生轻松一下的愿望，活泼随意的风格设计为大众所接受，是由于人们心里希望摆脱紧张辛苦的生活环境，投入到活泼自由的气氛中去。

随意风格的配色具有明快、自由、轻松、随意的特点，且用色的规律与风格特点密切相连，用色大胆，但是也要注意色彩的和谐统一。随意风格配色一般分为三种形式。

明亮色调组合，以明亮色色调为基础的色相对比配色。明亮色为纯度、明度都比较高的一类色彩，再加上较为强烈的色彩配色，以达到某种自由随意的感觉。如以大面积红橙色为基础，再配以小面积的黄绿色、青紫色、粉紫色以及黑色，如此构成整体上的强烈色彩对比，味道十足。由于黑色的调和，整体仍不失稳重。明亮色调组合是活泼、随意风格的常用配色，适用于运动形象设计、旅游形象设计、休闲形象设计等，它与造型相互呼应，效果显著。

中间色调组合，以质朴的中间色为基础，这类色彩的明度和纯度都属中等，是一些色彩语言太激烈的中间分子，但是在配色时需要加强冷暖的变化、面积的变化，使配色富于轻松的动感。如以柔和的蓝绿色为基础，配合浅绿灰色、灰红色、黄灰绿色，形成冷暖的对比，这种富于变化的柔和对比使人感觉舒适、轻松。

灰色基调组合，以灰色和明亮色相配，形成清爽、活泼的感觉效果。如以灰色为中心，配以小面积的白色、浅蓝色，再加上漂亮的粉红色，成为一组美妙的配色，展示出一种活跃、悠闲的效果。粉红色的面积与灰色面积接近，这样就加强了整体配色的感情色彩，使其更富有生机。

善用色彩是服装搭配中最重要的元素之一，有人说它是整体服饰的灵魂和支柱。而服装色彩搭配又是形象设计的骨髓。信息化时代就是形象设计时代，良好的个人形象不仅能缩短人与人之间的距离，还可以转换成个人优势，最大限度地发挥潜力和优势，让人信心百倍地投入到社会生活中，从而提高生命的质量。

服装色彩对个体形象设计具有实际的指导意义，它可以解决人们在装扮用色方面遇到的难题，在实际生活中，即使你的穿着方面有不合适的色彩搭配，也可运用服装设计中的"四季色彩"理论，通过科学的色彩搭配，结合巧妙的化妆去调整，可以极大地帮助人们美化形象、确立自信，以全面提高自身整体形象。

服装色彩又与音乐非常相似，都可以给人一种美的感受，而合理的服装色彩往往能给人一种感觉、一种情感、一种气氛，或高雅或世俗，或拘谨或奔放，或冷漠或热情，或亲切或孤傲，或简洁或繁复，无论哪种情形，它都让人能够真真切切地感觉到，并且常常给人以深刻的印象。色彩的存在与变化可以帮助穿着者重新塑造新的整体形象。在让他人高度关注到自己的同时，也就建立了同他人的某种良好联系，服装色彩这种体现个性的特征不仅具有重要的审美意义，同时又为它在形象设计中的作用发挥提供了广阔的发展空间。

第三节　形象色彩设计的创意思维

一、形象色彩设计的陈列色彩

国内营销界也把卖场陈列称为"视觉营销"，足可见陈列在营销中的地位。色彩在陈列中的作用不容忽视，它是远距离观察的第一感觉，其传达信息的速度远胜过图形和文字，因此对于服装商品视觉营销中色彩设计的研究是非常具有时代意义的。本节通过对色彩与环境的关系以及色彩心理的阐述，总结出色彩问题不是孤立的，它会受很多因素的影响，因此在服装商品色彩陈列中要考虑到色彩情感效应以及色彩与周围环境、顾客和品牌形象等各方面的因素，进行综合设计，才能创造出适合品牌的个性陈列。

色彩运用的科学研究表明，彩色现象是由白光分解而成的。尽管色彩理论非常复杂，但是橱窗设计师应学习的是对色彩的感觉和理解。色彩是对视觉最直接的刺激，可以激发潜在客户的购买欲。色彩是改变环境的最简单也最经济的方法，可以直接将环境显得更宽敞、紧凑、冷静、温暖或者精致、耀眼。

二、色彩的作用

(一) 色彩的感情作用

不同的颜色会让人产生不同的感觉，暖色系会产生热情、明亮、活泼等感受，冷色系会令人产生安详、宁静、稳重、消极等感觉。此外，就颜色的使用习惯而言，有些颜色具有热烈、欢快的气氛，有些颜色则属于消极、冷漠的。这些会因风俗、习惯的不同而有差异，因此在制订色彩计划时，也应注意并加以利用。

(二) 明度的感情作用

明度高的色彩即亮色，会显得活泼、轻快，具有明朗的特性，明度低的色彩即暗色，则令人产生沉静、稳重的感觉，在配色时要根据展示的目的加以合理运用。

(三) 纯度的感情作用

纯度即色彩的饱和度，纯度的差别会造成朴素或华丽的不同感觉，一般来说，低纯度的颜色会产生朴素感和高雅的格调，反之则感觉华丽和热烈。

俗话说"远看色，近看花"，也就是说当人们在远处看到一件服装时，最先映入人们眼帘是服装的色彩，走近了才能看清服装的花形。另一个有关形体和色彩的实验：当人们观察一个物体时，在最先的几秒钟中人们对色彩的注意度要多些，而对形体的注意度要少些，过一会后，形体和色彩关注度才各占一半。不同的色彩能制造不同的感受，如红色给人一种兴奋的感觉，蓝色则给人一种宁静的感觉。色彩的这些特性，使它在卖场陈列中担负着重要的作用，也引起广大商家和陈列师们的重视。卖场中的色彩陈列方法，既不高深莫测，也不能用几个简简单单的案例来解决所有的问题。学习卖场的色彩陈列，首先必须掌握色彩的基本原理，同时还要不断地积累实际的操作经验，只有这样才能找到一种根本的解决之道。

我们在掌握了色彩的基本原理后，根据实际经验，还可以创造出更多的陈列方式。

1. 对比色搭配法

对比色搭配的特点是色彩比较强烈、视觉的冲击力比较大。因此这种色彩搭配经常在陈列中应用，特别是在橱窗的陈列中，对比色搭配在卖场应用时还分为：服装上下装的对比色搭配、服装和背景的对比色搭配。

2.类似色搭配法

类似色搭配有一种柔和、秩序的感觉，类似色的搭配在卖场的应用中也分为服装上下装的类似色搭配、服装和背景的类似色搭配。

对比和类似这两种色彩搭配方式在卖场的色彩规划中是相辅相成的。如果卖场中全部采用类似色的搭配就会感到过于宁静，缺乏动感。反之，太多的采用对比色也会使人感到躁动不安。因此，每个品牌都必须根据自己的品牌文化和顾客的定位选择合适的色彩搭配方案，并规划好两者之间的比例。

3.明度排列法

色彩无论是同色相还是不同色相，都会有明度上的差异。如同一色中，淡黄比中黄明度高，在不同色相中黄色比红色明度要高。明度是色彩中的一个重要指标，因此好好地把握明度的变化，可以使货架上的服装变得有次序感。

明度排列法将色彩按明度深浅的不同依次进行排列，色彩的变化按梯度递进，给人一种宁静、和谐的美感，这种排列法经常在侧挂、叠装陈列中使用。明度排列法一般适合于明度上有一定梯度的类似色、临近色等色彩。但如果色彩的明度过于接近，就容易混在一起，反而感到没有生气。

明度排列法具体有以下几种方式。

（1）上浅下深

一般来说，人们在视觉上都有一种追求稳定的倾向。因此，通常我们在卖场中的货架和陈列面的色彩排序上，一般都采用上浅下深的明度排列方式。就是将明度高的服装放在上面，明度低的服装放在下面，这样可以增加整个货架服装视觉上的稳定感。在人模、正挂出样时我们通常也采用这种方式。但有时候我们为了增加卖场的动感，我们也经常采用相反的手法，即上深下浅的方式以增加卖场的动感。

(2) 左深右浅

实际应用中并不用那么教条，不一定要左深右浅，也可以是右浅左深，关键是一个卖场中要有一个统一的序列规范。这种排列方式在侧挂陈列时被大量采用，通常在一个货架中，将一些色彩深浅不一的服装按明度的变化进行有序排列，使视觉上有一种井井有条的感觉。

(3) 前浅后深

服装色彩明度的高低，也会给人一种前进和后退的感觉。利用色彩的这种规律，我们在陈列中可以将明度高的服装放在前面，明度低的放在后面。而对于整个卖场的色彩规划，我们也可以将明度低的系列有意放在卖场后部，明度高的系列放在卖场的前部，以增加整个卖场的空间感。

4.彩虹排列法

就是将服装按色环上的红、橙、黄、绿、青、蓝、紫的排序排列，也像彩虹一样，所以也称为彩虹法，它给人一种非常柔和、亲切、和谐的感觉。彩虹排列法主要是在一些色彩比较丰富的服装时采用的。不过，除了个别服装品牌，实际当中我们碰到色彩如此丰富的款式在单个服装品牌中，还是很少的，因此实际应用机会相对比较少。

5.间隔排列法

间隔排列法是在卖场侧挂陈列方式中，采用最多的一种方式，这主要有以下几个方面的原因。

间隔排列法是通过两种以上的色彩间隔和重复产生了一种韵律和节奏感，使卖场中充满变化，使人感到兴奋。卖场中服装的色彩是复杂的，特别是女装，不仅款式多，而且色彩也非常复杂，有时候在一个系列中很难找出一组能形成渐变排列和彩虹排列的服装组合。而间隔排列法对服装色彩的适应性较广，正好可以弥补这些问题。间隔排列法由于其灵活的组合方式以及其适用面广等特点，同时又加上其美学上的效果，使其在服装的陈列中广泛运用。间隔排列法看似简单，但因为在实际的应用中，服装不仅有色彩的变化，还有服装长短、厚薄、素色和花色服装的变化，所以就必须要综合考虑，同时由于间隔件数的变化也会使整个陈列面的节奏产生丰富的变化。

艺术的最高境界是和谐，服装陈列的色彩搭配也是如此。在卖场中我们不仅要建立起色彩的和谐，还要和卖场中的空间、营销手法和导购艺术等诸多元素建立一种和谐互动的关系，这才是我们真正追求的目标。

三、颜色的搭配技巧

所谓颜色搭配，是指进行商品陈列时，为了实现整体上的统一，而将不同颜色加以有机地组合，从而使具有反差或不够协调的颜色统一在一个基本的色调中，达到和谐一致的目的。在进行色彩组合时，一般需要考虑以下问题。

　　首先是配色问题，同色系或类似色组合时，会产生商品品质优良、格调高雅的印象；补色的组合会形成明显的对比，因此，常常需要加入其他过渡色，使反差相对弱化，使人能够接受；在组合同类色时，为使其产生变化，不至于过分呆板，可加入少量的补色，但要保证整体感不受到破坏，这样印象就会趋于强烈；色彩组合要体现色相、明度和彩度的平稳过渡，在稳定中表现一定的韵律和节奏。此外，服装加盟店内的装饰用色，一定要避免同时使用多种颜色，尤其是主色以不超过三色为宜，以免杂乱无章，破坏主导色的效果，还要避免大面积使用高彩度的颜色，以免使顾客产生排斥感。卖场中色彩的运用，还要考虑"适时""适品""适所"的状况。多色系的卖场也在考验陈列师对整个卖场的色彩控制和调配能力。

　　变化性。服装是一种季节性非常强的商品，因季节气候的变化更换非常频繁，因此卖场中的色彩搭配也由此变得复杂。特别是在两个季节交替的时候，卖场中经常会出现两季服装并行的状态。因此怎样安排好卖场中不断变化的色彩，衔接好季节交替时卖场中前后两季节服装的色彩，也是陈列师应该具备的技能。

　　流行性。服装是商品中最具有流行感的东西，每年一些国际流行色机构都会推出一些新的流行色，因此陈列师不仅要学习常规的色彩搭配方法，也要不断地观察和发现新的流行色彩搭配方式，推陈出新，为卖场中的色彩规划不断注入新的内涵。

　　卖场中的色彩布置要重视细节，更要重视总体的色彩规划。成功的色彩规划不仅要做到协调、和谐，而且还应该有层次感、节奏感，能吸引顾客进店，并不断在卖场中制造惊喜，更重要的是能用色彩来诱导顾客购买的欲望。一个没有经过规划的卖场常常是杂乱无章或平淡无奇的，顾客在购物时容易视觉疲劳，没有激情。

卖场的色彩规划要从大到小，先从卖场总体色彩规划——卖场陈列面色彩规划，单柜的色彩规划，这样才能做到既在整体上掌握卖场的色彩走向，同时又可以把握细节。卖场色彩规划的方法如下所述。

每个服装品牌根据其品牌特点、销售方式、消费群的不同，对卖场中服装都有特定的分类方式，卖场的商品分类通常有按系列、按类别、按对象、按原料、按用途、按价格、按尺寸等几种方法。不同的分类方式，在色彩规划上采用的手法也略有不同，因此在做色彩规划之前，一定要搞清楚本品牌的分类方法，然后根据其特点有针对性地进行不同的色彩规划。

一个围合而成的卖场，通常有四面墙体，也就是四个陈列面。而在实际的应用中，最前面的一面墙通常是门和橱窗，实际上剩下的就是三个陈列面——正面和两侧。这三个陈列面的规划，我们要既要考虑色彩明度上的平衡，又要考虑三个陈列面的色彩协调性。

如卖场左侧的陈列面色彩明度较低、右边的色彩明度高，就会造成卖场一种不平衡的感觉，好像整个卖场向左边倾斜一般。卖场陈列面的总体规划，一般要从色彩的一些特性进行规划。如根据色彩明度的原理，将明度高的服装系列放在卖场的前部，明度低的系列放在卖场的后部，这样可以增加卖场的空间感。对于同时有冷暖色、中性色系列服装的卖场。一般是将冷暖色分开，分别放在左右两侧，面对顾客的陈列面可以放中性色，或对比度较弱的色彩系列。

一个有节奏感的卖场才能让人感到有起有伏，有变化。节奏的变化不光体现在造型上，不同的色彩搭配同样可以产生节奏感。色彩搭配的节奏感可以打破卖场中四平八稳和平淡的局面，使整个卖场充满生机。卖场节奏感的制造通常可以通过改变色彩的搭配方式来实现。

卖场色彩的陈列方式有很多，这些陈列方式都是根据色彩的基本原理，再结合实际的操作要求变化而成的。主要是将千姿百态的色彩根据色彩的规律进行规整和统一，使之变得有序列化，使卖场的主次分明，易于消费者识别与挑选。

第四节　形象色彩在服装中的应用

一、服装色彩的感知效应

(一) 服装色彩的轻重感

明度的高低决定着色彩的轻和重。明度高的色彩使人联想到蓝天、白云、彩霞及许多花卉还有棉花、羊毛等，产生轻柔、飘浮、上升、敏捷、灵活等感觉。明度低的色彩易使人联想钢铁、大理石等物品，产生沉重、稳定、降落等感觉。在服装上，上轻下重的色彩搭配是比较常见的配色，给人以稳定的感觉；而上重下轻则具有特殊的视觉效果，给人以运动变化的感觉。

(二) 服装色彩的软硬感

色彩的软硬感，其感觉主要也来自色彩的明度，但与纯度亦有一定的关系。明度越高感觉越软，明度越低则感觉越硬，但白色反而软感略强。明度高、纯度低的色彩有软感，中纯度的色也呈柔感，因为它们易使人联想起骆驼、狐狸、猫、狗等好多动物的皮毛，还有毛呢、绒织物等。高纯度和低纯度的色彩都呈硬感，如它们明度又低则硬感更明显。色相与色彩的软硬感几乎无关。

(三) 服装色彩的冷暖感

色彩本身并无冷暖的温度差别，是视觉色彩引起人们对冷暖感觉的心理联想。色彩的冷暖感觉，不仅表现在固定的色相上，而且在比较中还会显示其相对的倾向性。如同样表现天空的霞光，用玫红画早霞那种清新而偏冷的色彩，感觉很恰当，而描绘晚霞则需要暖感强的大红了。但如与橙色对比，前面两色又都加强了寒感倾向。人们往往用不同的词汇表述色彩的冷暖感觉。

暖色——阳光、不透明、刺激的、稠密、深的、近的、重的、男性的、强性的、干的、感情的、方角的、直线型、扩大、稳定、热烈、活泼、开放等。人们见到红、红橙、橙、黄橙、红紫等色后，马上联想到太阳、火焰、热血等物像，产生温暖、热烈、危险等感觉。

冷色——阴影、透明、镇静的、稀薄的、淡的、远的、轻的、女性的、微弱的、湿的、理智的、圆滑、曲线型、缩小、流动、冷静、文雅、保守等。人们见到蓝、蓝紫、蓝绿等色后，则很易联想到天空、冰雪、海洋等物像，产生寒冷、理智、平静等感觉。

中性色——绿色和紫色是中性色。黄绿、蓝、蓝绿等色，使人联想到草、树等植物，产生青春、生命、和平等感觉。紫、蓝紫等色使人联想到花卉、水晶等稀贵物品，故易产生高贵、神秘等感觉。至于黄色，一般被认为是暖色，因为它使人联想起阳光、光明等，但也有人视它为中性色，当然，同属黄色相，柠檬黄显然偏冷，而中黄则感觉偏暖。

(四) 服装色彩的前进感和后退感

色彩的前、后感由各种不同波长的色彩在人眼视网膜上的成像有前后，红、橙等光波长的色在后面成像，感觉比较迫近，蓝、紫等光波短的色则在外侧成像，在同样距离内感觉就比较后退。在服装设计中，同色彩、同花型，色块面积不同，色感强度不同的面料搭配，面积小、色感弱的面料用于上身合体部位，有收缩感；面积大、色感强的面料用于裙摆部位，更扩大了造型美感。

二、服装色彩设计在女装设计中的运用方法

服装色彩设计通常离不开灵感启示，客观存在的任何事物和现象都可能成为服装色彩设计的灵感源泉。要通过分析、推理、概括、归纳与抽象等方法进行新的色彩形象的创造，不断以新的色彩形象和新的色彩组合形式体现服装总体美。

服装色彩体现了人类的审美理想、审美情趣以及审美水平的时代性，并代表着服装美的价值，影响着服装商品的价格。

(一)服装色彩设计中的图案装饰

服装色彩与花纹的组合在服装配色中，很多面料不但有材质的变化，还有图案的变化，这是服装色彩设计中不可忽视的元素之一。在运用图案时，纹样的大小、独立、连续的排列都影响着服装的风格特征，如古典、现代、华丽、单纯、高雅、刺激等。

服装界著名的设计师约翰·加里亚诺是最具有古典、华丽风格的设计师之一。他在色彩与纹样的运用上相当独到，如红与黑、白与黑、白与红的大块运用，同时适合古典、华丽的大型花卉图案，充分体现了他的设计风格。

服装色彩很大程度上体现在图案艺术的表现上，图案作为面料的装饰与肌理，起到进一步美化与充实的作用，图案色彩的主色调决定了服装的基调，色彩与肌理产生完全互动的关系。

(二)服装色彩设计中的面料纹样装饰

各种自由纹样，各种适合纹样：形体适合、角隅适合、边缘适合等。纹样的结构也很丰富，常见的二方连续纹样：散点式、直立式、水平式、波纹式、综合式等；四方连续纹样：散点式、条纹式、连缀式、重叠式等。为了保持面料的完整性，适合面料的纹样一般具备"四方连续"的纹样特征。另外，面料的印花方式的多样性产生了不同肌理效果，如面料纹样采用点、线、面的组合方式。了解这些基本的印花方式，可以确保在设计面料色彩时更好的控制视觉效果。

(三) 服装色彩设计中的面积对比装饰

色彩的面积对比指的是两个以上相对色域的对比效果，即色彩面积大小的对比效果。我们在服装的色彩设计中，必须重视面积的作用。假如所设计的服装要突出某一色彩的倾向，就必须使之在服装上占有较大的面积。如果用色面积太小，用色力量不足，就难以使人感受到该色彩的主调作用。如图片黑色占大面积，处于主导地位，紫色和黄色占小面积，处于附属地位，整体色彩富有变化又不失单调乏味感。不同的色彩相互搭配，其面积比例关系直接影响到色彩搭配效果是否和谐。尤其是对比调和，其面积比例安排更是决定色彩搭配成功与否的关键。

在服装色彩设计中，运用面积对比的变化，可以起到增强色彩对比的强度；减弱色彩对比的强度；突出某种情调的表现；使色彩配置协调。因此，色彩的面积对比也是我们进行色彩设计的一种重要方法。

(四) 服装色彩设计中的有彩色系与无彩色系设计

色彩主要含无彩色系和有彩色系，由这两者构成了色彩的总和，组成丰富多彩的色彩世界。由于人类长期的服饰配色实践，逐步形成了比较完善的色构体系，也积累了丰富的服装色彩搭配经验。

1. 无彩色系的设计

无彩色系的搭配，通常是指黑、白、灰的配色体系，它最大的优点是可以调节明度。无彩色系的组配有很广的色域。

黑与白既矛盾又统一，相互包围、相互补充，单纯而洗练，节奏明确。

　　同时，无彩色系具有调和的特点，它与有彩色搭配效果尤佳。黑色可以和无彩色系的白、灰及有彩色系的任何色组合搭配，从而营造出千变万化的不同的色彩情调。黑色与有彩色系的冷色系搭配，给人一种清爽、朴素、宁静之感。黑色与金、银色搭配则可表现华贵富丽的感觉。若与有彩色系的暖色系搭配，则能表现女性的英气、端庄、精明利索的感觉。白色是清纯、纯洁、神圣的象征。白色与具有强烈个性的色彩搭配可增强青春活跃的魅力，表现出不同的情感效果。白色调的连衣裙点缀天蓝色，展现出飘逸、清纯无瑕。白色长裙配以红色显得艳丽动人。白色与任何色的搭配均能表现调和的美感。灰色介于黑白之间，是黑色的淡化、白色的深化，它具有黑、白二色的优点，更具高雅、稳重的风韵，它最大的特点是可以与任何色彩搭配。灰色是表现古典、雅致、高品位所不能缺少的色系之一。

　　在进行无彩色搭配时，如果能把握材质以及时尚元素，黑、白、灰是最永恒不变的。它既可以表现经典的时尚，又可以表现独特的个性。在无彩色的配色中，单一的色彩配置也是很常见的。这种配色方法通常要借助于材质之间的多样变化，巧妙地利用衣料以及其外貌特征，产生不同的视觉效果。如纱、丝、绒、皮革、裘皮等材料，把这些材质搭配组合，效果非常独特，是无彩色搭配的常用手法之一。

　　2.有彩色系的设计

　　在有彩色的搭配中，色彩的变化是丰富的。服装的色彩并非只是色与色搭配这么简单，关键要把握住服装的风格特征，从而使不断轮回变换的有彩色更有韵味。红色具有热情、喜悦的象征。伴随着各种质地面料的性格而组成多种多样的红色服装配色。如用波纹绸和乔其纱制作的红色衣裙，具有柔美的表情，用闪光的紫红色丝绒做成的礼服，具有大胆、热情和高贵华丽的表情。黄色服装具有一种物质化的白色的特征，所以黄色系衣服能产生飘逸、华美的表情。蓝色服装具有色彩的空间特征，不同材料、不同明度的各款式蓝色服装都有一种内在的魅力。绿色、紫色、粉色具有中性色的性质。每一种颜色的服装都有一种复杂的、细微的表情，别具一格，选择时一定要以肤色的明度变化为依据。

在进行服装色彩设计时，一定要服从于服装所要表现的总体风格。服装的风格不仅仅是通过款式表现出来，它还可以用配色来表达。不同的色彩互相搭配，会引起我们不同的视觉和心理感受。不同的场合、不同的环境，需要有不同的服装色彩搭配来与之相适应。只有合理的搭配，才能恰当地表现出穿衣者的气质。

第六章　服装创意系列

第一节　品牌案例

一、品牌服装市场

近年来，随着我国市场经济地位在国际上被更多的国家认可和市场环境的日益完善，服装市场日益朝品牌化、专业化、个性化、多元化方向发展。随着 WTO 的进一步开放与完善以及中国纺织品出口配额的取消，对于中国服装品牌既是机遇也是挑战。国际品牌将大举进军中国市场，较低层面的市场运作模式，如批发和无品牌散卖等，由于市场空间和利润空间的日渐萎缩，市场份额日渐减少，中国内地服装市场在国际品牌竞争催化下，提前进入成熟期，消费者消费行为也明显由盲目趋向理性与感性，市场需求日益在实用功能和消费者消费心理、情感诉求的基础上细分。

在市场经济时期，服装产品普遍供过于求，尤其是中低档休闲装，由于利润空间越来越狭小、产品品质同质化和产品款式大同小异现象又十分普遍，市场竞争尤为激烈，品牌之间的竞争普遍超越了产品本身和销售价格的低层次竞争，而转向针对不同层面的消费者、不同穿着场合、不同个性和情感需求的全方位营销和服务的品牌综合实力之争。在此市场态势下，走品牌提升之路，将品牌做大、做强，不但是国内外服装企业的大势所趋，同时也是品牌生存和发展的必由之路。

(一) 竞争态势

作为传统行业，服装的产品差异性并不大，我们将具有相同质量的竞争者归纳在一起。目前我司所处的市场位置——中低档运动休闲服，我们的目标消费者购买的考虑因素依次为：款式→价格→品牌→面料，此时的消费者忠诚度不高，稳定性极差。100元／三件套价位的运动套装产品可普遍为目标消费者接受，不过由于梭织类、牛仔类时尚风格的产品有待进一步完善，这在一定程度上制约了品牌春夏季市场占有率的扩大。

同一档次运动休闲竞争品牌，伊韵儿、以纯、异乡人、依米奴等，则也分别利用各自的产品款式、品牌形象或是零售价格略低等自身优势吸引目标消费群，对我司的市场形成较大的竞争。国际一线的纯运动服品牌 Nike、Adidas，国内市场形象较好的运动服李宁、洲克等品牌的中端产品，由于它们建立了较好的品牌形象，易被消费者接受、购买，因而也占有相当稳定的市场份额。

可喜的是，我司品牌已逐步加强品牌的形象推广工作和主题性的终端促销，并在品牌的文化构建方面决定作长期努力，2015年积极利用一些重大节日开始实行品牌的主题性促销和极富广告创意品牌文化内涵的形象推广，在大大地促进终端销售增长的同时，也将进一步强化品牌形象，同时也将有效提升木浪时的品牌知名度和品牌文化含量。我们的目标消费者购买本品牌的考虑因素的顺序将逐渐转变为：品牌→款式→价格→面料，在目标消费群中建立了相对稳定的品牌忠诚度。

（二）问题与机会（SWOT 分析）

通过对公司现有状况的深入了解，当前面临着下面一些市场问题：目前营销网络覆盖率几乎为零，国内重要城市或区域市场是空白，不利于品牌全国拓展战略的推进；与竞争对手相比，产品品种、面料、款式和做工方面的明显优势和特色不多，质量上优势也不明显，要想仅靠产品本身抛离竞争对手，难度较大；欠缺系统的广告投放和整合促销计划，品牌形象缺乏独特而鲜明个性，品牌的连贯一致性不强，品牌的推广力度不够，总体市场认知度有待提升；部分特许零售网点与总部营销大方向或利益口径不一致，导致营销政策和促销推广活动的执行受阻，品牌形象、终端管理和销售政策也不统一；品牌文化和管理理念也有待进一步提炼和升华，必须形成品牌独有的企业文化核心理念，使之用于指导企业的整体营运和服务工作，切实贯彻到公司每一位员工，并将其原汁原味地推广普及到我们的目标消费者，真正地将品牌文化深入人心。

同时，经过对一些区域市场的走访和针对性研究，品牌也发现一些有利于自身发展的机会：由于都市工作和生活压力普遍增加，时尚运动、健康休闲成为一种现实需要，因而运动、休闲两相宜的着装日渐成为人们的共识，成为市场消费主流，而这正是我司多年来一直在走的品牌之路，因此这种市场状态可以说十分有利于我们进一步发展；同类风格走向的国际一线品牌如 Nike、Adidas 等大都将市场重点放在北京、上海、广州等一级城市，它们的营销网点和路线与我司品牌不构成正面竞争，这给品牌发展留下较大市场空间；同一档次、同一路线的竞争品牌，如伊韵儿、以纯、异乡人、依米奴等或是产品风格定位飘忽不定，或是品牌形象不统一，企业文化缺乏个性等原因，也普遍未能形成明显的综合竞争优势，同层面的市场基本上处于群雄并争，强势品牌尚未诞生的品牌战国时代，这一竞争态势有利于与群雄的市场逐鹿；到处可闻的生意难做感叹，说明市场准入门槛提升，新品牌进入这一市场的机会一定程度受到制约，中低档运动休闲服装新增加的竞争减少，这有利于作为市场的先到者，巩固和扩大市场阵地的占有；经过几年时间的市场摸索，现有产品的风格日益贴近市场，也更为目标消费群所接受，品牌的市场定位也日益准确，产品的品种也日益完善，这是日渐走向成熟的表现，这种市场经验和教训已形成品牌的独特竞争力，有利品牌的长久市场拓展。价格比较优势：由于产品的生产由我们自己掌控，可以严格控制成本，在保证利润空间的前提下将产品价格调整到具备市场杀伤力的最下限，因此与 Nike、Adidas 等一线品牌比较有绝对明显的价格差优势；款式特色优势：与竞争品牌同类产品比较，如以班尼路、佐丹奴为首的传统休闲品牌，以美特斯邦威、以纯为首的大众休闲品牌，以 ESPRIT、ONLY、艾格为首的时尚休闲品牌都在自己的产品系列中加入了一小部分休闲运动的比例，以上品牌已经看到了"休闲运动"服装的消费潮流，但仍然保持着品牌本身原有的定位，由此而知，"休闲运动"必然成为趋势与消费主流，品牌以休闲运动为主体，正是把以上品牌的一小部分作为自己的主打，针对性极强地开发出一系列自己特有而市场又认可和接受的具备品牌特色的休闲运动服装，在运动中注入时尚元素，将服装的特色技巧运用得淋漓尽致，恰到好处。在市场上形成自己鲜明的品牌个性，改写了以往纯运动套装的保守主义风格，又推动了休闲运动装的新潮流；面料材质优势：绝不取巧的自然纯棉面料选用原则与常规面料跨年度储备战略，以确保产品的质量与出货的效率，长时间坚持，形成优势。

（三）市场定位时尚运动、健康休闲

21 世纪初的中国，是一个经济、文化、科技快速增长与发展中国家，快节奏的工作频率要求现代的都市人像机器一样不停地运转，神经一直处于一种紧绷与超负荷状态，脑力的严重透支以及与体力的不平衡，让现代都市人呈现一种亚健康状态，长时间处于这种状态下，心理与生理的健康必然出现危机。踏入 21 世纪，sars 已经向全人类的健康发出报警信号，随着生活水平的逐步提升与思想素质的提高，人们已经意识到"健康"的重要性，因此，"健康"成了现代人的生活主张。

运动成为一种时尚，健康成为人们休闲生活的主题。品

牌服饰以"带动全民健身运动，推动社会健康发展"为企业目标，本着"诚信互利、造福社会"的企业经营理念，秉持"品质取胜未来、服务创造名牌"的品牌宗旨，以"时尚运动，健康休闲"的品牌定位以及"健康活力、清新舒适、轻松自然、时尚动感"的产品风格全力推出运动休闲服饰，开创中国人的超级运动休闲服饰名牌。

清新舒适、健康活力、轻松自然、时尚动感在运动套装的基础上加入时尚和休闲元素，打破以往专业运动套装的设计思路，以"大众运动休闲"的理念为中心倡导一种健康，积极、自信的生活态度。引领时尚运动的潮流，以一种清新、舒适、轻松、自然的着装方式诠释出现代人对健康和时尚的追求。

运动不分国界，时尚不分年龄品牌服饰的目标消费群的年龄无限制，只要他们"崇尚自然健康，追求时尚自我，乐观自信，积极向上"都属于我们的目标消费群。

（四）营销策略

总体营销思路：根据服装界的二八理论为指导原则，把握重点区域市场，集中公司产品、人力、广告、促销等多方面优势资源做好重点区域或客户的营销支援和终端服务，逐步建立起几个甚至一个品牌的强势市场根据地，形成区域市场内绝对优胜于竞争品牌的销售业绩和市场口碑，然后实行以点带面策略，将品牌辐射力和营销网络逐步扩散开来。

要达到这一营销目标，必须重点抓好以下几方面工作。

1. 产品款式和品质是关键

针对当前市场对产品运动套装系列产品接受度较高，对其他产品系列反应平平的市场现状，我司应集中设计、开发、生产方面优势资源，重点对运动套装的款式设计、花式变化、面料搭配、版型开发等工作重点攻关，并加强梭织、牛仔类产品的设计能力，最大限度地开发出既有品牌特色又能迎合市场流行趋势的优质产品，同步增强产品在款式和品质方面的竞争优势和卖点宣传，为新季的销售和品牌的长久发展打下坚实基础。

2. 店铺终端形象工作要规范统一

鉴于当前各零售店铺形象及终端陈列仍然不够规范统一，个别产品类别的展示效果不尽人意，店面档次和总体协调性不够等实质缺陷，公司将加快对新一代店铺形象的设计工作，重点注重店面视觉效果和品牌特色文化的结合，提升店面形象的总体协调性、陈列实用性、柜台布置的空间舒适感，同时也注意以一些有品牌文化内涵的陈列小饰品点缀来突显品牌的档次。

3. 建立终端零售导购直属体系与互动机制

谁控制了终端谁就赢得了市场，很多服装品牌不成功的原因不是因为他的产品没有竞争力，也不是因为店面形象不佳。而是因为没有一套科学和规范的专卖连锁营运体系，在这个体系中，人、货、店的管理必须面面俱到，其中，导购员即"人"的管理是最关键而且最难掌控的因素，特别是在一个新推出品牌的销售成功因素中，导购员的服务态度、销售技巧与自身素养占75%以上，这也是关系型营销在现代营销模式中越发显示出其魅力的原因所在，建立销售人员与顾客的人际网络，不断能保持已有市场份额，更能增加品牌美誉度，无形中在保持了旧有顾客的基础上又吸纳了新的顾客，从而使市场份额的占有率不断提升。据美国一家营销机构统计，开发一个新客户所需要的费用开销是维持一个旧客户的5倍。由此可见，终端销售人员对品牌的发展起着关键性作用。公司要在广东区建立自己的直营旗舰店，它既是一个培训基地又是一个营运试验田和销售人员的"练兵场"，在品牌进行大规模扩张之前，会全力培养和打造"十名金牌店长"，金牌店长必须对产品知识非常了解，对产品陈列以及服饰的搭配非常精通，具备一流的销售技能与沟通技巧以及良好的心理素质，一旦成为"金牌店长"将会享受到经理级的待遇，金牌店长将全国市场划分为十大板块，并会分布在自己所属的市场区域，对本区域的店员进行流动监督与培训，将公司最新的产品信息以及陈列、培训资料及时的传达到每一位店员，每位"金牌店长"有管理100名店员的上限，对本区域可以进行人员的调配，一旦有新店开业，可以迅速从其他店铺调度精英人员，以保证新开店铺的销售业绩。金牌店长之间也会保持即时的沟通，每天通过短信息互通销售业绩，每周通过电脑网络进行一次峰会，讨论和分析市场状况，以及提出提升销售业绩的方案，并规定每位金牌店长每周都有一份《金牌周报》传送到公司总部，以便总公司及时掌控市场动态。

4.重点区域、重点加盟商重点配合和重点监控

考虑设立自营"品牌旗舰店"，狠抓20%的网点，力保产出80%的销售业绩。对于品牌基础较好的区域，配合程度较

好的加盟商，影响力较好，位置形象好的商场专柜重点给予货品、货架、信贷、广告、促销和终端物料等的支持，集中公司优势资源配合主攻这些市场，力争在这些区域市场做到欧式运动休闲服装的第一品牌，以绝对的优势击败包括伊韵儿、依米奴和异乡人在内的其他同类竞争对手；同时，在一些品牌积累较好的自营区域市场，由于街铺的租金费用高再加上转让费昂贵，品牌初期则可考虑选择最好商场的最好柜台位置设立"品牌旗舰店"，迅速占领市场，逐步提升品牌档次和品牌辐射力，为二级店铺的销售业绩的提升创造更好条件。

5.促销推广应更规范系统化

新一季的品牌促销推广工作将严格按照"先计划，后执行"，推广预算纳入销售费用，执行效果以销售业绩衡量的总体原则，兼顾区域的重点性，行业的季节性，品种的主推性，销售节日的重要性安排实施执行和监控，力求做到计划和市场需求相结合，计划与实际执行相结合，预期与实际效果相吻合。

二、品牌服装款式系列设计方法

针对国内品牌服装企业在款式系列设计和产品系列化组织上比较薄弱的现状，采用文献回顾、观察、案例比较、聚类分析等方法，梳理了服装系列设计的概念及演化模式，对品牌服装系列设计的内涵进行了拓展，提出品牌服装系列设计既有横向的拓展也有纵向的迭代的观点。

服装系列设计伴随现代服装成衣发展而出现，产品的系列化设计研究在工业产品设计领域中开展较早，服装系列设计的定义本质上是对工业产品系列化设计概念的部分延续。服装系列以款式量化的表现形式传递出更多的设计信息，表达设计意图更加全面和完整，视觉冲击力更强。服装系列的出现是为了弥补单一产品的不足，使品牌覆盖更宽的市场，满足尽可能多的用户需求，然而国内服装品牌在服装系列设计上的重视力度还略显不足。为此，基于传统服装系列设计的概念入手，深入反思服装系列设计在维度上创新的可径上的创新，同时结合国际知名品牌的系列设计案例分析，提出服装系列设计实践方法上的创新。

(一) 服装系列设计的概念与模式

1. 服装系列设计的概念

大多数学者对服装系列的数量要求已达成了一致的观点，认为量化款式（3套以上）是服装系列构成的基本前提，并指出要使多套服装达到效果统一，具有系列感，其中必定要有某种联系，这种联系是服装系列设计的关键要素，通常表现在主题、风格、色彩、款式、面料、细节、工艺及配饰等多个方面。同时也指出，影响服装系列设计的效果强弱体现在所运用元素的变化上，即关键要素的变化运用是服装系列设计的重要手段。不仅如此，要素或元素的变化运用还需要有规则来指导，部分学者进一步指出，需要用形式美原理法则来统一、协调服装系列设计的整体效果。

综上所述，服装系列设计在构成数量、关键要素的选取、元素的运用及变化手段、指导元素运用规则这4个方面进行了不断深化与充实的理论总结。然而通过研究发现，对服装系列设计的内涵理解上还可继续丰富，结合具体设计方法和实践结合的深度剖析与提炼，尤其针对品牌服装的款式系列设计上仍然存在深入挖掘的必要。

2. 服装系列设计的演化模式

当前，学者们讨论服装系列设计的焦点大都集中在当季产品中。然而翻开品牌历史，回顾品牌过去的所有产品，我们会发现有一些服装款式随时间的推移，长期占据品牌产品阵营的重要位置，因此逐渐形成品牌风格主导性的款式系列。对于品牌来说，服装系列设计的命题既可是同一季所有产品中的某一组产品（即共时性横向拓展）；也应该有延续性的跨季度的产品链条（即历时性纵向延续）。纵向延续系列设计，是在某一特定产品（服装款式）基础上进行迭代设计。在保留该款设计最初特点的同时，以提升品质或紧跟当下潮流和消费审美趋势为契机，有效延续产品的优点或特征到下一代产品上，并融入新的元素、新的特征以实现产品的不断进化。

服装系列在历时性生成的过程中具备了工程迭代的基本步骤与操作方式，同时这里的迭代还具有更深层的所指。迭代既有更替、轮换，又有更新、改换的意思，是产品的不断自我更新与超越成长。迭代是产品之间有着极强的关联性和延续性的动态系列生成手段，强烈的风格特征和特有元素正是隐含在迭代产品中的关联性因素。

如果每个迭代产品都能够被市场所认可，则这个产品将一直延续下去成为品牌固定的经典产品系列，已故服装设计大师克里斯丁·迪奥先生于1947年所发表的作品后来被时尚界冠以"New Look"（新风貌）的头衔并广为赞誉。直到现在，

Dior 品牌还在延续这个款式设计的精髓。

　　基于以上分析，品牌服装系列设计既要有某季产品静态上（共时性）的创新，即服装系列设计的显性特征，也要有基于品牌特定风格延续的产品动态上（历时性）的创新，即服装系列设计的隐性特征。二者交互融合构成了品牌服装系列设计的完整定义。以往的研究将前者的论述作为重点，然而品牌发展定位于长远，后者的深入探讨对于品牌来说具有更深远的意义和价值。

（二）服装系列设计的切入点

　　当前本领域的众多学者研究的焦点集中在技术与方法创新上，形成了诸如精益生产（LP）、快速成型制造系统（RPM）、柔性制造（FM）、敏捷制造（AM）、虚拟制造（VM）、延迟制造（PM）等技术，并相应地提出了一系列关键方法，如计算机辅助计划（CAD）、计算机辅助制造（CAM）、产品数据管理（PDM）、计算机辅助工艺规划（CAPP）、仿真/虚拟现实（M&S/VR）、稳健设计（RD）、人工智能（AI）等。然而设计与创作离不开创新思维，设计和艺术作品是包含创新性的思维成果。思考的过程是创意逐渐清晰和素材逐步组织到位、落地的过程。如何有效地找到设计的切入点或突破口，以思考切入点的创新来带动设计方法的创新与实践是方法论创新的关键命题。在服装系列化设计的思考切入点上，范强提到服装设计构思的 3 个思考出发点：切入点、关联点、创新点。以锁链式、递进式的线性思维和形象思维；发散思维和动态思维；开放式思维和逆向思维等。方法互相渗透、结合来完成设计。

肖琼琼从构成服装系列的基本要素出发，即关联性、共性与个性，探讨了从整体到局部和从局部到整体的构思方法。另外，在款式系列设计的思考过程中有如下几个思考角度值得尝试。

1.命题式

服装系列设计往往是设计师自己给自己命题，设定1个或多个主题，根据主题来进行系列拓展，自由发挥的空间与灵活性较大。另外一种情况如服装设计大赛，由主办机构拟定好命题再给到设计师，让设计师在已设定的范围内进行创作，自由发挥的空间相对较小。那么不管是主动命题，还是被动命题，均属于定向式设计，其切入点可通过主题推导和主题联想2个角度来分析和解决。推导是理性思考，在推导的逻辑性与关联性中找到设计的落脚点；联想是感性思考，在联想的跳跃性与发散性中找到创意的火花。设计思考推导中有联想，联想中有推导，以发散与收敛的方式逐步逼近设计结论的过程。

需要强调的是，在设计思维的过程中形象思维和逻辑思维始终是同时交叉进行的，只是在不同阶段所起的作用不同。

2.驱动式

概念设计的前提是信息的分析和研究，在市场调研、消费者分析等前期工作完成后，依据结果有序推进的，相当一部分设计的出发点是由某种信息的驱动来引领。当下热点和流行趋势就是服装设计的关键驱动因素之一。热点包罗万象，流行趋势包含的信息则更加丰富，不光涵盖了热点，还结合了服装设计的众多关键要素，如风格、款式、细节、色彩、材质、结构、工艺、图案、搭配组合方式、配饰等。另外，消费者偏好、问题式、痛点式等研究型思考方式，进一步丰富了驱动式设计思考方式的途径。

3. 延续式

品牌风格是服装系列设计重点关注的对象之一。风格的统一对于服装系列设计来说至关重要，影响风格的是该风格所包含的特定元素。因此，服装款式系列设计在外部造型、结构、部件、细节、搭配组合方式等特征要素方面，把影响风格的元素特征进行继承，同时在服装款式系列设计中进行交叉与变异，以此带来类似生命体的遗传多样性特征。另外，还需充分理解和把握风格的经典造型、经典搭配等，在系列作品的款式与款式之间，系列与系列之间流转呼应，进而使风格特征得到有效保留和延续。

三、中国女装品牌成功案例分析

目前，中国女装行业的市场竞争格局，正由过去的降价竞争快速变成款式、时尚、销售环境等综合因素的竞争，甚至说洗牌和品牌竞争才刚刚开始。在大多数女装徘徊在打折与走量之中时，也有部分品牌能够脱颖而出成为其中的佼佼者。

（一）ONLY——定位与服务先行

ONLY 是一个定位精准的市场化品牌。其消费者对象是在生活中独立、自由、领导流行，对时尚和品质敏感的年轻都市女性。因此，其选料大多来自欧洲和日本，同时设计师采用了丰富多变、节奏感很强的颜色，结合最新流行趋势，设计出许多穿着舒适并代表世界流行的服装。

同时，ONLY 能做到快速的新款上市，以此来抓住消费者，每周都能看到意想不到的新款上市，无论是在款式、风格以及色彩上总会带给消费者很多收获。既顺应了爱美女性逛街的习惯，又能满足购物的欲望。而对于现在追求个性的年轻人来说，ONLY 的款式新颖，不会担心有"撞衫"的危险。

ONLY 的设计理念、服装品牌定位符合了消费的需求，他们真正做到了随着时尚变化而变化，达到了快速更新款式，永远能做到每周都是在变化的，而最主要的是 ONLY 品牌的系列化。

ONLY 的导购向顾客介绍的不仅仅是适合的服装款式，而且对每件款式的面料、设计风格和服装搭配方法等会详尽介绍，导购也要有设计师一样的感觉。ONLY 的设计师不仅仅是设计服装，同时也要与各个环节配合、沟通，最后还要对店长和店员进行培训，主要是为了让终端的导购理解最新款式的设计理念、适合的消费人群、新款式服装搭配技巧等。销售人员的精神面貌是企业的一面镜子，销售人员的销售技巧和销售热情从很大程度上决定了产品的市场占有率。

（二）太平鸟——"另类经营"打造时尚

太平鸟的成功在于她紧紧抓住整个产业的一头一尾，"用设计引导市场、用市场升华设计"，进行"轻资产"改造，主攻品牌、设计与营销这些看不见的无形资产，并将其集聚到"时尚"一个点上，来创造和引导最新的消费需求，并凭借对最新需求动向的掌控，快速集结跨行业的力量，发起一轮又一轮的时尚冲击波。

太平鸟凭借其设计实力做到每天10多款新时尚女装的创造；以旬计算的全产业快速循环融合力；以小时计算的铺货效率，最远至北方边陲小镇漠河，最新品上货架可以在48小时内全球同步；在短短的时间里，孵化出6个子公司、10多个流行品牌，几十个创意团队，统率100多家上游供应商和1200多家自营和加盟销售网点。

这种太平鸟"另类经营"模式的根本在于如同掌握真理一般掌握消费新时尚，做最关键的少数人。

（三）哥弟——细分市场一决雌雄

哥弟是近年来应用市场细分化策略比较成功的服装品牌之一，30岁以上这一年龄段的女性消费者生活讲究，需要得体而漂亮的衣着，但传统着衣观念和身材的限制，将她们阻隔在流行与时尚品牌之外，而她们恰恰就是扎扎实实的实力消费群。哥弟女装成功的秘密就在于解决了上述这些人的穿衣问题。在中国的服装市场上，哥弟女装以"儒文化"为品牌内涵，以其准确的目标市场定位而在国内女装界占据一席之地。哥弟品牌绝不二价，颜色花而不哨，价格高而不贵，剪裁贴而不紧，完完全全对准了这群消费中坚的"胃口"。执着的坚持获得了执着的支持，哥弟女装将一大批忠实的顾客招揽在其周围，固定的客源消费支撑起其市场位置，不管市场环境多恶劣，有顾客不变的支持为其遮风挡雨。

哥弟品牌成功的一个重要原因就是市场细分化策略的选

择得当，在其他品牌把产品大都定位在年轻人身上大做文章，激烈竞争时，哥弟瞄准中年白领这一中坚市场，从服装设计、营销网络到形象设计都做足文章，从而也获得了这一年龄段消费者的青睐，并在国内女装的销售额上一直名列前茅。

（四）斯尔丽——品牌战略制胜

斯尔丽可以说是"靠一件大衣起家"的。之所以这么说，是源于在竞争激烈的女装品牌中，"斯尔丽"始终专注于大衣领域，掀起一轮又一轮的"阿尔巴卡大衣""水貂领大衣"等热潮，并在创新和引领市场过程中使"斯尔丽"成为中国民族女装的佼佼者。

在被称为中国企业品牌延伸年时，斯尔丽潜心于铸造斯尔丽女装大衣品牌王国之后，并未开始"品牌延伸的道路"，其开始启动了多品牌战略，推出第二个品牌——"卡莎布兰卡"，卡莎布兰卡上市当年就创下 1.4 亿元的销售额。

当斯尔丽成为中国女装领域的"中国名牌"之时，再以其品牌优势，推出初春、春末夏初、盛夏、初秋、深秋初冬、隆冬六个时段的"六季"女装，各自又很快占领了女装市场的一块份额。

面对全新的市场环境，只有在价值取向、行为准则、职业素养、任职能力等方面寻找出不足和缺陷，女装企业才能生存和发展。

第二节　服装设计个案分析

一、民族服饰文化在服装设计中的应用及案例分析

民族服饰文化源远流长，是中华民族优秀历史文化的重要组成部分。然而，民族服饰文化随时间而不断流逝，在现代服装设计中的应用越来越缺乏本民族特色，所以民族服饰文化的保护和创新运用是每个设计师应该学习和思考的当务之急。要从民族图案的创新运用和原有民族服饰的创新改造两方面，为以民族服饰文化为题材进行服装的创新设计提供借鉴。

民族风格是汲取中外民族、民俗服饰元素所设计的具有复古气息的服装风格。生活在世界不同国家、不同地区的许多民族，在长期的历史过程中逐渐形成了具有各自特点的服饰形式，这种服饰形式具有浓郁的地方特色和民族风格。现代服装设计取材广泛，它以民族服饰为蓝本，设计灵感大多来自世界各民族的特色服装或地域文化，取其精华与象征性，结合现代的审美观和功用性，使服装设计体现出一种新的民族风格。形式上较注重服装穿着方法和长短内外的层次变化。在面料选择上，多以棉、麻、丝、毛等天然纤维为主，而色彩的运用则显示了与欧美设计师迥然不同的文化背景，灰色、褐色、藏青色，有时加一些红色、白色、奶油色、并对面料进行特殊的肌理处理。在世界后现代主义设计潮流的影响下，民族服饰风格愈来愈受到服装设计界的重视。

第六章 服装创意系列

服装风格的形成与设计师有不可分割的关系，设计师的性格、偏好以及经历等都会影响服装风格的形成和改变。设计师会将自己对所处环境的政治、经济、文化等方面的所见所闻和见解通过具体的服装表现出来。每个设计师对生活和事物的态度及体验不同，表现在服装上的设计风格就会有不同的倾向，正是由于有了众多设计师各具特征的设计风格，才使时装舞台上呈现出百花齐放、多姿多彩的景象。

意大利设计师范思哲崇尚本国历史，钟爱文艺复兴时期的文化，所以他的设计作品独具魅力的是那些具有丰富想象力的充分展示文艺复兴时期特色的华丽款式。在面料选用上范思哲还忠实于象征自己文化背景的面料，如像裂帛般脆弱欲裂的丝绸，象征范思哲心中佛罗伦萨辉煌的皮革等。

在服装设计教学中，结合民族服饰相关的图案、色彩、材料、造型、历史文化等内容，有助于指导学生利用现代设计手法设计出既符合现代审美又蕴含文化底蕴的优秀时装作品。

（一）民族服饰的设计应用

1. 民族服饰色彩的运用

人们生存的自然环境与精神信仰是民族色彩观形成的基础，植被丰富的中国在很早以前就有了用矿植物做染料的历史。周朝时期，人们利用五倍子、栗子壳可将布匹染成褐色。秦汉时期已设专门管理染色的官职。到了唐朝，红、绿、蓝、黄、紫等色系已经达到几十种，天然染料发展非常发达。古代阴阳学说中的黑、白、赤、青、黄"五方正色"在很大程度上促进了中国传统色彩观的形成，并极大地影响了日本、韩国传统服饰色彩的形成，其中黄色被看作贵族与权力的象征。另外，色彩还被认为具有某种能量，能够对人的身心产生有益影响。随着人类各种健康问题的产生，人们越来越提倡服饰的返璞归真，从服饰上进行健康生活的思考，越来越多的人意识到化学染料对人身体以及对社会环境的危害，天然染色服饰用品日益受到国内外人士的追捧。在有些天然服饰用品中还添加了具有辅助疗效的中草药，这对于服装设计来讲是一个新思路。在进行服饰色彩教学时，教师要将中国传统五行色作为重点，为学生讲解民间艺术色彩，从民族审美、精神信仰、自然环境等方面培养学生对民族传统色彩的认识，并在服饰心理学课程中加入色彩疗法，重点开设天然染色教学内容，引导学生在服装设计中能够对色彩的能量功效和传统的染色工艺进行充分运用。

2. 民族服饰造型的运用

本土生长的纤维和审美习惯创造是不同民族的服装造型的基础（如图6-2）。商周时期，我国已基本形成古代服装造型，从"贯首衣"到各种领型变化的披挂式服装造型都比较注重表达隐于肌肤之内的思想，这与西方所追求的外在人体美是不同的，我国更多追求的是含蓄自然的美。尽管东方人接受了西方立体、简便的造型服饰，只是在民俗活动中才穿着传统服饰，但是这些历史悠久的服饰在今天仍然有值得我们借鉴的地方，为我们留下了许多形式美的典范，如今在越来越多的国际时装秀上，设计师们都在现代服装结构的设计理念中融合了传统服饰造型的风格神韵。在服装设计教学中，老师要将造型艺术的美学原则体现在每一堂课上，在教学内容的安排上要兼顾平面剪裁和立体剪裁，如要在立体剪裁课程中要加入缠绕式服饰的内容，在平面剪裁课程里要向学生介绍古代汉服、旗袍的制图，让学生更全面深入的了解民族服饰造型，使学生能够将各种民族造型元素运用到自己的服装设计中去。

图6-2　民族服饰造型

3. 民族服饰工艺的运用

从远古时期的手工作业开始到18世纪英国工业革命，国际化的服饰经过了漫长的发展，走上了工业化的发展道路。但是，设计师们对于传统的民族服饰装饰工艺依然情有独钟，在20世纪中叶以来，时尚界越来越不乏怀旧的民族传统手工艺的使用。其或简洁大气或乡土纯朴或浪漫华丽的气质以及丰富多变的样式一直以来都是设计师们源源不断的灵感来源。传统民族服饰手工艺包括结艺、拼布、布贴绣、珠绣、刺绣、彩绘、印染、编制、纺织以及各种首饰的制作工艺。不管是在时装的装饰上还是用于时下流行的纤维艺术上，这些手工艺都具有极强的实用性。在服饰手工艺上，民族与民族之间有着惊人的共同点，如中国明清时期用布片拼接而成百衲衣和水田衣，而同样是拼布工艺的还有美国式的绗缝被；十字绣不仅是东方刺绣工艺，同时也是北欧民族的传统手工艺。由此可见，服饰手工艺当属于东西方思维共识的形式美，已经超出了民族的界限。在进行服装设计教学时，要将基础手工编织、基础拼布、手绘、刺绣、丝网印花、蜡染、扎染等内容编入服装材料创意设计课程里，这样有助于促进学生形成创意思维，还有利于培养学生的实际动手能力。

4.民族服饰图案的运用

不同民族标志性的特征除了通过民族手工艺体现出来，还可以通过民族服饰图案得以体现。服饰图案是形成服饰风格的重要装饰手段，也是技术与艺术的结晶。与服饰色彩一样，不同民族文化的精神信仰对于传统服饰图案的形成也是很关键的，而随着时代的发展进步，传统图案应用于现代服装设计中已是一种纯装饰性的艺术，图案的象征性在逐渐淡化。许多传统服饰图案在今天已经成了经典纹样，如宋朝注重服饰图案的吉祥寓意，有喜上眉梢、福禄寿喜、龙凤呈祥等多种图案样式；隋唐有团花纹、唐草纹；秦汉有动物纹、植物纹、云气纹；商周时期的服饰图案与青铜器纹样一样，有云纹、菱形纹、回纹等，这些图案样式都沿用至今。另外，日本和服纹、东非妇女康茄服饰粗犷的花卉纹样、伊斯兰地毯纹样等都值得我们关注。当今在进行服饰图案设计时，通常是以传统纹样为母体进行再创作，或者直接运用，另外不同民族的民间绘画、建筑图案等也都可以作为创作的蓝本。因此，在开展服装设计教学时，要引导学生多方面的认识民族服饰图案，将民间绘画、民族建筑以及其他呈现装饰艺术的图案都纳入"服饰图案"课程的教学内容中去，并且采用播放纪录片式的教学方式进行教学，这样更有利于引起学生的关注，帮助学生加深了解。

（二）民族图案是现代服装设计的重要本源

中国作为一个有着悠久历史的服装大国，从"黄帝、尧舜垂衣裳而天下治"，服装已经作为一种文化形态与国家的发展息息相关。中国几千年来不同民族的服饰文化成为现代服装设计的本源之一，特别是民族图案这一绚丽的篇章更是服装设计至关重要的灵感来源。

民族图案是民族的寓意性、审美性、标志性的文化符号。先人们巧妙地运用人物、走兽、花鸟、日月星辰、风雨雷电、文字等元素创造出图形与吉祥寓意完美结合的造型形式。这些传统民族图案生动鲜明，夸张与概括相结合，有着和谐统一的秩序美和均衡美；同时民族图案又代表着不同时期不同民族的精神信仰，反映了人们的愿望、思想、憧憬和追求。如56个民族的图腾，每个图腾分别代表着不同民族的图腾崇拜文化。汉族的象征图案是龙凤呈祥，龙能兴风降雨被认为是能免除灾难的灵物，凤则代表百鸟之王，代表美丽吉祥。它们表达的是汉民族对高贵、华丽、祥瑞等美好生活的向往和憧憬。范冰冰著名的龙袍礼服灵感就是来源于此，龙袍上绣有两条高高跃起的飞龙，有"万世升平"之意。在龙纹之间，还绣以五彩云纹的吉祥图案寓意祥瑞之兆。范冰冰借以戛纳这个国际舞台向全世界展现了华美的东方神韵。

(三) 民族图案在服装设计中的运用技巧

现代服装设计强调图案与服装造型、结构、材质、色彩等这些要素的浑然一体，因此在运用民族图案进行服装的创新设计过程中，可以从以下几个方面总结分析。

在色彩上，一些研究色彩的学者曾提出配色的七种法则：统一法、衬托法、点缀法、呼应法、分块法、缓冲法、衔接法。许多少数民族图案常使用高纯度的对比色彩，如苗族、布依族多采用红、蓝、绿、白等，色彩艳丽而协调，多采用小面积的色彩对比。在运用这些高纯度的民族色彩时，设计师可以结合这些配色法则做设计，使服装色彩更符合现代人的审美需求。同时也要注意利用花与地的关系，可以大胆采用大面积的色彩对比这种形式进行创新。或者降低民族色彩的纯度，用高级灰的形式进行设计，更加含蓄的从中表达民族的风格特色。

在面料上，传统民族图案所使用的面料多是棉、麻、毛、皮。在现代的服装设计中，设计师可以不拘泥于面料的种类，进行不同种面料的混搭设计和中国韵味面料研发，进行完全不同的两种面料的结合设计。但绝对不是不同面料毫无秩序的叠加。不同风格民族风情的布料参差拼叠在一起，这样比较缺乏设计感，面料的堆叠只给人一种臃肿颓废的感觉。

在结构上，传统图案在构图上要求疏密适宜又有变化，严谨完整又有韵律。多采用满地花的构图形式，有很强的视觉张力。设计师可以借鉴这些构图形式，同时大胆地分解整幅图案中的元素，根据现代设计的审美要求，进行新的排列组合；在图案的解构重组的过程中，注意结合服装的分割线结构，可以在转折的结构处进行巧妙的图案过渡设计；在图案位置的摆放上，必须要很有考究。杨洁老师"苗绣"中的一件女装，他把原来苗族的一幅刺绣图案进行了新的抽离组合，只选取了其中龙和鸟等图案。龙的胡须与身体弯曲与领口的弧线设计正好形成完美的呼应。只在前侧片进行小图案的排列，这样既减少了图案拼接的繁复工作，也使得整个服装结构显的身材苗条匀称，更好的突显了形体的优美。他还使用苗族的传统菱形结构作为背景图案，使得花与地巧妙地融合在一起。

因此在结构设计方面，设计师可以打破常规的图案构成形式，但注意不要对其文化内涵进行破坏。例如，龙头处多为红日，象征太阳崇拜、旭日东升，如果把红日摆在了龙尾，那就失去了其本身的寓意了。

在造型上，民族图案多采用单线勾勒纹样轮廓的手法，突出主体物，在写实的基础上进行夸张变形。在现代服装设计中，图案造型可以取材于这些民族图案，并与现代的时尚图形进行组合，学会运用移花接木、替换再生、解构重组、夸张变形等手段。

在工艺技法上，传统的手工艺技术不仅能增强现代服饰的装饰韵味，拓展服饰内涵同时也为现代设计注入新活力，丰富了服装设计师的想象空间。民族图案多采用织、绣、挑、染的传统工艺技法，由于不同民族生活习性的不同等原因，不同民族采用的工艺技法并不相同。而且民族图案的工艺方法非常丰富，不单只用一种，如挑中带绣、织绣结合等。在

2014秋冬纽约时装周的雷姆·阿克拉（Reem Acra）秀场，设计师采用了很多东方元素。他将中国传统刺绣结合服装结构和身体形态的变化，用西方人的眼光阐释了一幅中国花鸟画。织、绣、挑、染极富有表现力的形式美感、丰富的民俗内涵和强烈的地域特色。在进行现代服装的创新设计过程中，设计师要充分吸收采纳这些手法，同时可以结合现代工艺。如数码印花、丝网印等，在印花中又搭配刺绣，让人难分印绣。这样巧妙的结合运用，既能起到"以假乱真"似的丰富层次的效果，又能节省传统工艺的时间和工艺成本。"任何一种式样要成为时尚，必须为大众的美学理念所认可，消费相对便利并包容与一定的社会氛围。"所以在采用工艺上，我们要以传统工艺为依托，与现代工艺相结合，打造创新的工艺结合的新形式。

这些在色彩、面料、造型、结构和工艺技法上对民族图案的创新运用，都要求设计师既要了解中国传统服饰文化的横向和纵向的知识，又要把传统服饰和时代潮流相结合，使现代服装设计展现出中国民族服饰文化的精神和神韵。

(四) 原有民族服饰的创新改造

民族服饰文化中可以借鉴运用的成分非常多，除了民族图案这个具有显著代表性的元素，可以把它再运用到现代服饰设计中以外；还可以利用各民族历史遗留下来的或者日常使用的典型服饰，在这样已有的实物中直接做文章。这样的巧妙改造是在原有历史文化的实物积淀基础上进行的，无疑是对传统民族文化更纯粹更历史性的表达。背扇作为贵州少数民族劳动妇女重要的生活用品，风格各异、多姿多彩，生动地体现了永恒而无私的母爱，是广大少数民族妇女智慧的结晶。它们有的在形式上进行不同的设计，有的在图纹、图案上发挥创意，但是大抵是沿袭着传统的元素，譬如从神话传说中寻找巧思，有的则是由自然界动植物或山川塑造象征的意涵。背扇本身具有特殊的传统形态，如何在保持其原有文化内涵的基础上进行现代的创新设计的呢？杨洁老师苗绣中的两件用背扇改造的女装，他以苗族的服饰文化为灵感，借助已有的苗族背扇结合意大利式的高级裁剪设计出新颖的款式造型。胸口的边缘线随着刺绣的图案进行不规则的边缘处理，起伏变化非常讲究。为了不破坏原有刺绣的完整性，他还在收省的位置进行了精心的安排，并把整个背扇进行倒置，反而使得外轮廓造型感更为新颖突出。对于背扇的成功改造不仅迎合了当代人的审美需要，同时也借背扇表达出母亲们对于子女无私的疼惜、爱护与期望的文化内涵。

图6-3　民族服饰改造

　　杨洁老师还收集了一批颇有年头的老旧苗族绣片，有的是从民族服饰上脱落下来的单块绣片；有的是用作围腰的绣片；还有的是常年不用的装饰摆件等。他选择其中适当的绣片，从图案的造型重组、面料的订制、色彩的和谐搭配等这些方面进行精心的设计。他对最能表达服饰风格的细部领口、袖口、腰部等摆放的位置也做了很多尝试和推敲，使得这些丰富的绣片与简洁的款式很好地融合在一起。对这些脱落闲置的绣片的再设计，不仅使绣片本身重新散发出更具历史魅力的光彩，也为现代服装设计注入了民族服饰文化的活力。

　　杨洁老师的成功设计给了人们非常重要的启示，传统文化的保护可以以一种新的形式进行。随着社会的发展，许多民族村寨部落的年轻人离开家园，到大都市求学、工作。在追寻快速的便利和趣味的同时，传统技艺正在不断被抛弃。不仅背扇，其他许多东西也都会遭到同样的命运。设计师可以运用巧思对部分传统文物进行一种"特殊保护"，而不仅仅是让它成为一块长期不用的摆设或者无用好看的脱落绣片而已。应该真正做到物尽其用，物为人用。对它们的再设计不仅会使民族文化的精神情节重新以一种新的形式再现，而且也保护了它们的存在，因此对原有传统民族服饰的创新改造将会是一个非常有价值的研究方向。

　　结合前人总结的传统民族服饰图案与现代服装设计的美学通则：简洁与夸张；对比与形式；抽象与象征；和谐与统一，在现代服装设计上设计师既要学会运用这一系列的表现语言，还要不断地探索和尝试，要在深入渗透传统文化的基础上进行整体设计；抓住传统的造型结构特点，突出民族特色；搭配和谐色彩，设计中国韵味的面料；以传统工艺为依托，打造现代工艺。

服装是一个国家、一个民族的重要文化标志，也是国家和民族精神意志的体现。所以我们必须要有属于中华民族的服装。就像如今，习近平主席和夫人彭丽媛一起出访国家或者参加会议，他们穿着的都是代表中华民族特色的服装。国家领导人正在以他们独有的方式，向世界展示着国家的历史文化和强盛地位。所以我们并不是拒斥不同民族文化的交流吸收，反对民族服饰多样化，但作为代表一个国家的形象出现，代表一个民族的文化表征，应该也必须有中华民族自己的服饰。"民族的才是世界的"，服装设计师需要结合流行趋势和审美需求重塑中国传统服装，使其既展现出中国传统服饰的文化内涵，又符合现代人的生活理念，从而走出一条有中国民族特色的道路。

二、安全性服装设计案例

21世纪的安全性服装应是基于绿色时代大背景下研发、设计完成的。绿色时代，亦即生态时代，在安全性服装设计中所采用的安全因子均以生态为指导，绿色为主旋律，以此达到与现代生态环境下的绿色设计和安全性设计相融合的目的。

(一)安全性服装设计理念

安全性服装（Security Clothing），通常指具有防护功能的服装，可消除外界对人体产生的安全隐患，将安全要求设计于服装之上，对其质量和采用技术相对较高。这种理念贯穿于整个产品生命周期之中，着重强调安全因子，将其作为设计的目标，同时结合服装款式、色彩和面料，融入服装流行因素和设计工艺技巧。

因而，基于这种理念的设计，即安全性服装设计（Security Fashion Design），成为后现代设计的重要内容之一，它的现实催生因素就是绿色生态日益被破坏，人与人、人与自然不能和谐相处，现代工业发展对人类生存产生诸多安全隐患等，其形成不断受到后现代设计中关乎人类生活安全的影响。服装具有物质、精神双重属性，与一般的工业产品相比有很大的不同，从而使得安全性服装设计在强调产品的环境属性外，还突出性能安全的健康属性。

设计要求在涉及的每个决策中，尤其是在安全因子的选择过程中要充分考虑和理解绿色时代大背景下所赋予的设计理念和要求，尽量做到和谐，其核心可总结为"1T+2F"，即传统（Tradition）、时尚（Fashion）和功能（Function）。

在理解安全性服装设计理念时，必须明确绝对的安全性服装设计是不存在的，只是通过服装局部安全设计，以达到人体在绿色生态环境下，将不安全因素影响人体健康程度降到最低点。当然，服装设计本意就要求站在人类发展的最高点，运用人类生存法则审视现代服装设计，因其设计行为其理念可以具体表达为满足健康舒适、安全环保、功能、流行、传统等多种要求，同时，在此基础上更要达到节约资源、和谐统一、可持续发展的要求。这一理念首先确定了在绿色生态时代下，安全作为突出因子，将是影响人、自然、社会关系的重要影响因素。安全性服装就是要在艺术和技术、功能和形式、环境和社会中寻找一种平衡，将其安全因素得以优化，突显安全设计的本源意义。

(二)安全性服装设计

安全性服装设计是在安全因子、面料、款式、结构、色彩等原有设计元素的基础上，将产品生命周期延伸至安全防护领域作为设计的重要要求之一。安全性服装设计理念所包含的内容比较广泛，运用不同的安全因子所达到的安全功效不同，在不同的安全隐患和现实需求面前，所采用的面料、设计结构、色彩搭配以及符合当前流行设计的手段和形式也不尽相同。具体从以下几个方面阐述安全性服装设计。

1. 安全因子

安全因子是指在服装中能消除人体在大环境中所面临的安全隐患，起到保护人体作用的物质元素。一般可分为显见安全因子和不显见安全因子。前者包含反光条、荧光条、安全定位器、传感器等，后者主要包含微胶囊保健纤维、耐高温防火纤维等。

安全性服装设计中，通过安全因子在服装上叠加应用，可有效避免人体在特定环境下面临的安全隐患。在交通道路中，行人服装上应用显见安全因子反光条，司机能在第一时间并在数十米之外看见行人服装上反光条，并减速，缓慢驾驶，确保行人交通安全。

在安全因子应用过程中，始终把服装安全功能放在首位，同时要达到方便实用功效。因而，在安全性服装设计中，将显见安全因子体积与质量降到最低，方便服装在日常生活中的穿戴，不仅安全防护，而且简洁大方，实用美观。

2. 色彩

色彩对人产生从表面感觉到心理深层的影响力，色彩在安全性服装中作为一种特殊的设计元素，旨在营造和传递出一种安全信号。通常人们认为绿色是安全颜色，它象征着安全、健康、活力和生机，亦是在绿色生态环境下所极力推崇的颜色。作为特殊的服装色彩设计，不单是流行色在服装本身中的应用，更多的是对安全因子色彩的二次设计，以更好地突显安全警示作用。例如，在儿童交通安全中，把夜光涂料作为安全因子设计要素，用流行图案的表现手法巧妙设计在童装前胸和后背，服装发出较强的反光效果，起警示司机缓慢驾驶作用，确保儿童交通安全。在造型设计上，服装造型空间作为人体的第一层安全性服装环境，首先要注重人体与空间的处理作为区别于常规服装的一种特殊服装，其结构造型设计可以采用局部化设计。例如，在医疗服装中，对创伤骨科病人服装结构局部应合理设计，针对上臂创伤者，其上衣设计为四开身一片式结构，前片正中开门，开口设置在袖中线、肩线部位。为避免病人多角度运动，将袖笼和侧缝相互联系在一起，袖中线、肩线开口处设计为尼龙搭扣和自由搭扣组合。此款结构设计一方面增强服装穿着服用性能，另一方面，保证病人在服装穿脱过程中避免创伤手臂受二次安全伤害。相对于传统服装设计，安全性服装设计焦点是在观念上的革新，这要求设计者在生活中从不同的角度考虑人类生存环境所带来的安全隐患，从而以人为本，将服装的造型与环境融为一体，设计出符合环境需求的安全性服装。

(三) 服装安全设计的应用

现代新型安全服装设计遵循健康安全、自然绿色的设计理念。尤其是近几年，消除人们成长过程中产生的安全隐患成为服装设计的一种新趋势。除此之外，部分服装设计中，应用 LED 灯隐藏于特有的图案和花型中，不但可以起到交通安全警示作用，还可以达到装饰美化、愉悦精神的作用。新型安全性服装设计的另一种表达形式是交互安全感应系统。通过交互设计理念和交互感应技术进行安全性服装设计，以此实现主体交流的趣味性和安全功效性。如尿湿感应婴幼儿短裤设计中，利用湿度感应芯片，巧妙构思，组合设计于婴幼儿短裤裆部。在感应系统的终端，采用智能音乐播放提示系统，当婴幼儿尿湿短裤后，感应芯片灵敏反应，将信号以轻音乐播放形式传递，及时告知护理人员对婴幼儿进行护理。再如，由于老年人群生活的特殊性，设计一款防老年人走失追踪定位服装已成为现代快节奏生活的必需品。主要设计原理采用计算机信息感应技术，在服装口袋部位缝制 GPS 定位追踪器，通过终端无线传感设备的链接，采集和分析数据，最终得出具体信息。把消除安全隐患思想引入服装设计中，倡导服装安全设计，安全消费，安全保养，延长服装穿着的"安全性"，必然会成为今后"快时尚"服装市场的一个重要卖点。目前，国内外已研发设计出的安全服装具有保健医疗功效、特殊作业防护功效、智能安全功效以及附属趣味安全功效。尽管许多安全性服装产品还处于研发设计的初级阶段，但安全服的时尚设计和消费已势不可挡，随着以人为本的思想不断丰富，新型安全性服装必然会成为未来服装业的发展方向。

三、绿色服装设计的理念

21 世纪的服装和面料设计应该是基于生态时代的绿色设计。绿色设计，又称生态设计，也就是说，服装和面料的研发和设计以生态为指导，绿色为主轴、主旋律。服装是文明的镜子，它反映一个社会、一个国家的物质文明和精神文明，显示时代精神、社会风尚和大众素质。可见服装在生态时代的绿色文明中具有非常特殊的地位，它是全人类不可缺少的生活用品，是生态时代的一面旗帜，绿色社会的一个标志。

(一) 绿色设计理念

绿色设计（Green Design，简称 GD），通常也称为生态设计（Ecological Design，简称 ED），这种理念贯穿于产品的整个生命周期内，着重考虑产品的环境属性，并将其作为设计目标，在满足环境目标要求的同时，保证产品应有的功能、使用寿命、质量等。

绿色设计是后现代设计的重要内容之一，它的现实催生素是全球生态状况的日益恶化，它的形成受到后现代主义思想中关于人与自然关系论调的影响。服装具有物质、精神双重属性，与一般工业产品有很大的不同，从而使得绿色服装设计除了强调产品的环境属性外，还要求突出服用性能中的健康属性。绿色设计要求服装设计的每一个决策都要充分考虑环境因素，尽量减少对环境的破坏，其核心是"3R+1D"，即减少使用（Reduce）、重复使用（Reuse）、回收（Recycle）和降解（Degradable）。在理解绿色服装设计的概念时，必须注意到完全的绿色设计是来审视设计行为，其理念具体可以表述为：服装设计应该满足安全、健康、舒适的要求，满足适度、自然、节约资源、环保要求，满足可持续发展的要求。这一理念首先体现了对服装与人、自然、社会之间关系所进行的重新审视。绿色设计就是要在技术与艺术、功能与形式、环境与经济、环境与社会等联系之中寻求一种适宜的平衡和优化，片面地强调某一方面都必然导致对产品最终绿色程度的影响。通过服装的绿色设计，向人们呈现具有生态美学价值的服装。

（二）绿色服装设计策略

绿色服装设计是在色彩、面料、造型等基本设计元素基础上，将产品整个生命周期符合特定的环境保护要求作为设计目标的关键要素，旨在通过设计创造一种无污染、有利于人体健康、穿着舒适的服用环境。绿色服装设计理念所包含的内容广泛，运用不同手段和形式设计出的服装，其绿色程度差异是比较大的。以下从三个方面阐述绿色服装设计的策略。

1. 色彩

色彩作为马克思所说的人的"最大众化的美感"，对人产生从表面感觉到心理深层的影响力。在创造服装色彩环境时，设计师不仅要注意它的色性配置的美感，而且还要有意识地应用联想的魅力来加强效果，满足人们的心理需求，加强服装的个性情感作用。

　　服装色彩设计旨在营造出一种理想的生态服装色彩环境。生态时代的色彩当然是绿色，绿色反映大自然的本色，推崇大自然的圣洁。大自然是个多彩的世界，它的色彩是十分迷人的美色，是一种永恒的美色，它象征着生命、生机、活力、健美，和平、和谐、和睦、美满、温馨、幸福，自由、自在、自然。为此，绿色时代的色彩以及纹理和图案，均将进一步显示大自然，取材于大自然，充分反映人类生存的空间，生活的大环境，着力体现人与自然的共存和关系。

　　2. 材料

　　在生态服装设计中，绿色环保观念是其创意设计的主题表现。绿色服装材料，又称为"生态服装材料"。选用绿色服装材料是绿色服装设计最直接有效的途径。对于绿色服装材料的选用可以从两方面考虑。绿色服装材料要求鼓励和发展无碍生态的原料，具体为纤维在生长或生产过程中未受污染；纤消化，不会对生态环境造成危害；生产纤维的原料采用可再生资源或可利用的废弃物，不会造成生态平衡的失调和掠夺性的资源开发；纤维对人体具有某种保健功能。设计师可以通过在设计中强调材质的天然肌理，让人们感知自然材质的魅力，从而尽量远离化学物质。如在设计中大胆地运用未经处理的织物、木材、金属等材质。这种显示材质肌理和本来面目的设计，可以使生活在城市中的人们所具有的潜在的思乡、怀古、回归自然的情绪得到补偿。随着纺织科学的不断进步，新型保健性面料得以迅猛发展并成为未来纺织品开发的主要方向，这对维护人体健康，增强衣物穿着的舒适性，实现绿色设计提供了更多的选择和保证。设计师不但要重视传统面料的合理化使用，同时也要加快对高科技纺织产品的认识。

3. 造型

在造型设计上，服装造型的空间作为人体的第一层面环境，首先要注重服装与人体的空间处理。在服装的造型结构处理上东西方有着明显的差异，无论是西方所推崇的三维立体造型结构，还是东方所崇尚的二维平面造型结构，在进行结构设计时都应以创造人体感觉舒适，符合人体工学的适度空间。绿色服装设计还可以通过部件化设计而实现一种新的构成，如口袋可以设计成不同色彩面料，消费者可以根据自身特点及流行等因素对服装单品自行增减替换设计进行重新组合搭配，完成自我形象设计过程，充分体现出着装者的自主性。这样，不仅可以让消费者自己成为设计师，将穿着与设计过程结合起来，以自己特有的方式去展现作品，而且可以有效提高产品的利用率、延长生命周期。这是未来服装设计的主流方式，同时通过这种方式可以让人们回归到自然与人性的本质中去。此外，多功能设计也是提高产品性能与利用率在于观念上的变革，其要求设计师在装扮人的生活环境的同时考虑到人类的生存环境。在强调外观造型、功能质量的同时更加重视服装设计内在意义上的环保性能——节约能源与资源，将服装设计的造型与环境融为一体，使服装成为一种符合特定的环保要求，既装扮人的生活又对人类生存无害或危害极小，资源利用最高，能源消耗最少的产品。

(三) 绿色设计在现代服装中的应用

服装设计以人为本，自然、健康是人类的向往，更是生命追求的意境。近几年，回归自然、返璞归真成为绿色设计的一种风格趋向，其设计多采用自然、朴素的设计语言，通过对服装物态的重新塑造，来体现人与自然的和谐关系。日本著名服装设计师三宅一生，借鉴立体剪裁的方法，运用东方平面构成的理念，直裁制衣技法，以非构筑式结构模式进行设计，从而达到无拘无束、少有人工雕琢的自然朴素的时装氛围，除了采用非构筑式结构、缠绕式结构、披挂式结构等表现形式外，自然主义设计风格还包含其他设计倾向，如怀旧风、乡村风、民族风等。

现代服装中绿色设计的另一种形式是环保主义风格。如何使被淘汰的废弃物再生利用，利用废弃物作为主要素材来进行设计创作，减少对自然环境的污染，积极开发和使用环保材料，是环保主义设计风格的追求目标。如把旧货市场中的过时材料或者是衣柜里的旧物，通过巧妙构思重新加以利用，以此表达对旧物的眷恋，倡导节约理念。另外，在进行服装设计时大量使用环保型材料，如三枪生态内衣不仅采用莫代尔纤维，还创新运用了木棉、桑皮等纯天然绿色纤维，有益于消费者身体健康。再如，用各种仿毛皮及有动物纹样的面料来取代野生动物真皮真裘的作品。国内著名的设计师品牌在服装的设计中即主张环保和动物保护，从来不做皮革，以此来表达设计师对环保的愿望。还有，嬉皮士们基于回归自然的思想，全面排斥人造纤维，在他们的二手衣装扮中不论是旧毛衣、褪色的民族外衣，还是磨破边角的旧牛仔裤无不体现了他们对天然面料的情有独钟。嬉皮士所创造的二手衣风貌从某种程度上激发了人们对天然面料的追求，对环保艺术的重视，并为现代服装市场开辟了大量的空间。

(四) 绿色服装设计的现状与前景

面对入世后的挑战，国内服装产业的环保问题已成为制约我国服装业竞争力的关键因素。为此，生态服装设计的开发与研制已提到了研究的议事日程上来。国内绿色服装产品的发展和世界发达国家相比，无论是在品种还是数量上都有很大差距，主要原因：一是国内的服装绿色消费尚未形成气候，导致以市场为核心的企业生态意识淡薄；二是缺乏系统的绿色设计理论和设计原则。

参考文献

[1] 张晓黎.服装设计创新与实践 [M].成都：四川大学出版社，2012.

[2] 邓玉萍.服装设计中的面料再造 [M].南宁：广西美术出版社，2011.

[3] (英) 凯瑟琳·麦凯雏，詹莱茵·玛斯罗.时装设计：过程创新与实践 [M].郭平建，武力宏，况灿译.北京：中国纺织出版社，2015.

[4] 粱慧娥，张红字，王鸿博等.服装面料艺术再造 [M] 北京：中国纺织出版社，2012.

[5] 王庆珍.纺织品设计的面料再造 [M].重庆：西南师范大学出版社，2017.

[6] 王晓梅.婚纱服装配饰 [J].四川丝绸 .2011（02）：15-17.

[7] 涂丹丹，杨俊，席向荣.面料再造在服装设计中的运用研究 [J].艺术与设理论，2015(9).

[8] 付丽娜.面料再造的创意手法及在服装设计中的应用 [J] 河北纺织，2010(1)：23-25.

[9] 胡兰.面料的技术，服装的艺术——面料再造在服装领域的可行性探究 [J].大家，2010(15)：61-62.

[10] 韩云霞.面料再造在服装设计中的研究应用 [J].滨州

职业学院学报，2015(4)：1–2.

[11] 魏迎凯，乔梅月·装设计中的面料再造研究[J].广西轻工业，2013(5).31–35.

[12] 徐纯.浅析动漫造型中的服饰语言[J].科教文汇.2010(01)：5–7.

[13] 吉萍.服装设计教学中创新性思维的培养探究[J].新课程研究.2010(5)：10–13.

[14] 柏昕.服装设计教学中审美思维能力的培养[J].时尚周刊，2016(04)：21–24.

[15] 瑞金·赫尔曼，小川.冬季婚纱服装配饰趋势[J].纺织服装周刊，2010(43)：11–13.